普通高等教育"十三五"规划教材

工程材料实验与创新

（工程材料实验指导书）

高红霞　等编著

机械工业出版社

本书为普通高等教育机械类及近机械类专业技术基础课"工程材料"的配套实验教材。全书共4章，内容包括工程材料实验基本知识、工程材料基础实验、工程材料创新综合实验、工程材料创新拓展实验。本书的主要特点是基础实验与创新实验并重，既可以培养学生进行工程材料基本实验的技能，满足教学的基本要求，又可以培养学生综合应用工程材料基本理论去分析和解决实际问题的创新能力，以适应现代创新型应用人才的培养要求。

　　本书结构清晰，层次分明，实验项目按实验目的、实验设备及试样、实验概述、实验内容、实验报告要求的层次编写。其中实验概述部分简要叙述实验相关的基本理论知识和实验设备的操作要求等，为实验提供理论及技术指导，强化重要知识点；实验报告要求部分设计有实验数据的测试及计算表格，并列出了实验结果分析的主要问题，为实验总结及实验报告编写提供指导，以更好地达到实验目的，提高学生分析和解决问题的能力。

　　本书中的基础实验及创新实验均包含多个实验项目，各校可以根据自己的教学内容及实验设备进行选做。本书适用于本科院校及高职高专院校的机械类各专业、近机械类各专业、材料成形及控制工程各专业本科生的实验教学，也可作为相关专业研究生、机械行业工程技术人员的实验参考书。

图书在版编目（CIP）数据

工程材料实验与创新/高红霞等编著．—北京：机械工业出版社，2018.12

普通高等教育"十三五"规划教材

ISBN 978-7-111-61773-0

Ⅰ．①工…　Ⅱ．①高…　Ⅲ．①工程材料—材料试验—高等学校—教材　Ⅳ．①TB302

中国版本图书馆 CIP 数据核字（2019）第 006312 号

机械工业出版社（北京市百万庄大街 22 号　邮政编码 100037）
策划编辑：丁昕祯　责任编辑：丁昕祯　王海霞
责任校对：潘　蕊　封面设计：张　静
责任印制：张　博
三河市宏达印刷有限公司印刷
2019 年 7 月第 1 版第 1 次印刷
184mm×260mm·7.75 印张·189 千字
标准书号：ISBN 978-7-111-61773-0
定价：22.00 元

电话服务　　　　　　　　　网络服务
客服电话：010-88361066　　机 工 官 网：www.cmpbook.com
　　　　　010-88379833　　机 工 官 博：weibo.com/cmp1952
　　　　　010-68326294　　金 　书 　网：www.golden-book.com
封底无防伪标均为盗版　机工教育服务网：www.cmpedu.com

前　言

　　随着高等工科教育创新型应用型人才培养模式的转变，机械制造类专业及近机械类专业创新教育的实验教学内容需要进行改革与创新，需要增加创新型实验的内容训练，以提高学生的综合实践能力及综合创新能力，适应现代智能机械制造技术及先进实验技术的发展。

　　本书根据新版高等教育人才培养方案编写，突出创新创造、理实一体的实践教学理念，对工程材料课程实验的有关基础知识，如材料常用力学性能测试、材料显微组织结构分析、金属材料成分分析等进行了系统的阐述；在传统的基础实验项目，如材料硬度测试、常用金属材料组织观察、钢的热处理工艺等的基础上，增加了新材料方面的实验项目，如金属粉末冶金材料的热压烧结、密度及孔隙率测试等，还增加了材料成形方面的实验项目，如冷却速度对金属铸造组织的影响、低碳钢焊接接头组织观察及分析等；结合材料综合知识增加了创新综合实验项目，如钢铁材料的成分鉴别，淬火、回火热处理工艺对钢组织性能的影响，齿轮类零件的选材及热处理，刀具类零件的选材及热处理等；结合现代材料测试技术，增加了创新拓展实验项目，如材料组织的计算机定量分析、金属基复合材料组织的扫描电子显微镜分析、金属基复合材料的硬度测试及分析等。

　　本书中的实验基本知识的叙述简明精炼；基础实验项目重点突出，并做了适当扩充；创新综合实验项目突出综合设计及创新；创新拓展实验项目突出实验的新方法和新技术、新材料的测试分析等。实验项目的增加、综合及拓展，可以使学生了解材料试验及研究的前沿技术，扩大试验知识面，提高学生的实验技能，适应材料的发展趋势。所有实验项目均按照实验目的、实验设备及试样、实验概述、实验内容、实验报告要求等统一格式编写，设计了实验数据的测量及计算表格，并给出了实验结果分析的主要问题，可以使学生针对实验中的重点问题及主要现象进行分析，提高学生解决问题的能力。

　　本书图文并茂，增加了大量自制的材料图片，生动易懂；各实验项目的编写思路清晰，并设计了大量实验数据及实验结果分析表格，便于学生理解基本知识，总结分析实验结果。

　　本书可作为普通高等院校及高职高专院校机械制造及自动化、机械设计、机械电子工程等机械类专业，以及模具制造、能源与动力、农业机械、过程装备、交通运输等近机械类专业和高分子、电化学等材料加工相关专业的工程材料课程的配套实验教材，也可作为机械类、材料类、材料加工类等相关专业的研究生实验参考书，还可作为成人教育及有关工程技术人员的自学参考书。

本书由郑州轻工业大学高红霞教授等编著，并负责全书的统稿与审校。具体编写分工为：高红霞编写第 1 章的 1.1 节、1.3 节，第 2 章的 2.3~2.6 节、2.10 节，第 3 章的 3.2 节、3.3 节，第 4 章的 4.2 节，附录；樊江磊编写第 1 章的 1.2.1 小节，第 2 章的 2.7 节、2.9 节；吴深编写第 1 章的 1.2.4 小节，第 2 章的 2.2，第 3 章的 3.4 节；王艳编写第 1 章的 1.2.3 小节，第 2 章的 2.1 节，第 4 章的 4.1 节；李莹编写第 2 章的 2.8 节，第 3 章的 3.1 节，第 4 章的 4.3 节；周向葵编写第 1 章的 1.2.2 小节。

哈尔滨工业大学的郭景杰教授、武汉纺织大学的龚文邦教授参与了本书编写的总体规划，其他高校的同行教师也提出了不少宝贵意见，王蒙同学做了一些资料整理及图片制作等工作。在此深表感谢！

由于编者水平有限，书中难免存在疏漏和不妥之处，恳请各位同仁及广大读者批评指正。

编　者

目 录

第 1 章　工程材料实验基本知识

工程材料广泛用于制造各种机械零件及工程构件，材料的应用以其性能为依据，而性能取决于其内部成分及组织。为了正确使用工程材料，必须了解测试及分析材料的成分、组织、性能等的实验技术。本章主要介绍工程材料实验的基本知识。

1.1　材料常用力学性能测试

材料的力学性能是指材料在各种不同性质的外力作用下所表现出来的抵抗能力，主要有硬度、强度、塑性、冲击韧性等。

1.1.1　材料的硬度测试

硬度是指材料表面抵抗硬物压入的能力，即材料表面受压时抵抗局部塑性变形的能力。硬度是应用非常广泛的力学性能指标，它可以反映材料的强度和塑性，因此在零件图上常标注硬度指标作为技术要求。

常用硬度测试方法有压入法、划痕法等，其中压入法的应用最为普遍。压入法是在规定的静态试验力作用下，将压头压入材料表面层，然后根据压痕的面积大小或深度测定其硬度值的方法。用压入法测试材料硬度，常用的方法有布氏硬度（HBW）、洛氏硬度（HRA、HRB、HRC 等）和维氏硬度（HV）试验法。

1. 布氏硬度

布氏硬度试验机如图 1-1 所示，其试验原理如图 1-2 所示。将直径为 D 的硬质合金球，以规定的试验力 F 压入试样表面，保持规定的时间后，去除试验力，测量试样表面的压痕直径 d，然后根据压痕直径 d 计算硬度值。布氏硬度值为压痕球面积上所产生的平均抵抗力，可用下式计算

$$HBW = 0.102 \frac{2F}{\pi D(D - \sqrt{D^2 - d^2})} \tag{1-1}$$

式中　F——试验力（N，单位用 kgf 时，去掉 0.102）；

　　　D——球体直径（mm）；

　　　d——压痕直径（mm）。

式（1-1）中只有 d 是变量，因此试验时只需测量出压痕直径，就可以通过计算或查布氏硬度表得出 HBW 值。布氏硬度数值一般不用计算，而是查布氏硬度表得出的。

图 1-1　布氏硬度试验机

为适应各种硬度级别及各种厚度的金属材料的硬度测试，GB/T 231.1—2009《金属材料　布氏硬度试验　第 1 部分：试验方法》规定了各种材料的试验条件，见表 1-1。进行布

氏硬度试验时，应根据被测金属种类和厚度正确选择压头直径 D、试验力 F 和保持时间。

布氏硬度的标注方法是，硬度值标注在硬度符号的前面，在硬度符号的后面用相应的数字注明压头直径、试验力大小和试验力保持时间。当钢球直径 D 为 10mm，试验力为 3000kgf（29.420kN），保持时间为 10~15s 时，可以不标明试验条件。例如，500HBW5/750 表示用直径为 5mm 的硬质合金球，在 750kgf（7.355kN）的试验力作用下保持 10~15s 测得的布氏硬度值为 500。

由于布氏硬度测试的是较大压痕面积上的平均抵抗力，因此不受材料内部组成物细微不均匀性的影响，测得的硬度值比较准确，数据重复性强。由于布氏硬度压痕大，对材料表面的损伤也较大，因此，硬度高的材料、薄壁工件和对表面质量要求高的工件等，不宜采用布氏硬度测试法。布氏硬度测试通常适用于有色金属、低碳钢、灰铸铁，以及经退火、正火和调质处理的中碳结构钢等。

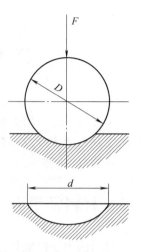

图 1-2　布氏硬度试验原理

表 1-1　金属布氏硬度试验规范

金属种类	布氏硬度值范围 HBW	试样厚度 /mm	$(0.102F/D^2)$ /（N/mm²）	压头直径 D /mm	试验力 /N（kgf）	试验力保持时间 /s
钢铁材料	≥140	3~6 2~4 <2	30	10.0 5.0 2.5	29420（3000） 7355（750） 1839（187.5）	12
	<140	>6 3~6	10	10.0 5.0	9807（1000） 2452（250）	12
有色金属	>200	3~6 2~4 <2	30	10.0 5.0 2.5	2942（3000） 7355（750） 1839（187.5）	30
	35~200	3~9 3~6	10	10.0 5.0	9807（1000） 2452（250）	30
	<35	>6	2.5	10.0	2452（250）	60

2. 洛氏硬度

洛氏硬度试验机如图 1-3 所示，试验原理如图 1-4 所示。将圆锥角为 120° 的金刚石圆锥体或直径为 1.588mm 的淬火钢球作为压头压入试样表面，先加初试验力 F_0（98N），使压头接触试样表面，此时产生一个微小的压入深度 h_0，然后再加上主试验力 F_1，压入试样表面后经规定的保持时间，去除主试验力，在保留初试验力 F_0 的情况下，根据压入试样的深度 h 来衡量金属硬度的大小。

材料越硬，h 值越小。为适应数值越大硬度越高的认知观念，人为地规定用一个常数 K 减去压痕深度 h 作为洛氏硬度指标，并规定每一个洛氏硬度试验单位为 0.002mm，则洛氏硬度值为

$$HR = \frac{K - h}{0.002}$$

(1-2)

式中　*h*——压痕深度（mm）。

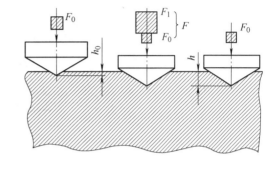

图 1-3　洛氏硬度试验机　　　　　　　　　　图 1-4　洛氏硬度试验原理

使用金刚石圆锥体压头时，常数 *K* 为 0.2；使用淬火钢球压头时，常数 *K* 为 0.26。由压痕深度可换算出硬度值，从洛氏硬度计表盘上可直接读出硬度值。

洛氏硬度根据试验时选用的压头类型和试验力大小的不同分别采用不同的标尺进行标注。常用的标尺有 A、B、C，试验条件及应用范围见表 1-2。洛氏硬度的标注方法：硬度数值写在硬度符号 HR 的前面，HR 的后面注写使用的标尺，如 52HRC 表示用 C 标尺测定的洛氏硬度值为 52。

表 1-2　洛氏硬度试验规范

硬度标尺	压头类型	总试验力 $F_{总}$/kgf(N)	硬度值有效范围 HR	应用举例
HRA	120°金刚石圆锥体	60（588.4）	60~88	硬质合金、表面淬火钢、渗碳钢等
HRB	ϕ1.588mm 淬火钢球	100（980.7）	20~100	有色金属、退火钢、正火钢等
HRC	120°金刚石圆锥体	150（1471.1）	20~70	淬火钢、调质钢等

洛氏硬度测试方便快捷，测量的硬度范围大，对试样表面损伤小，广泛应用于各种材料以及薄小工件、表面处理层硬度的测试。但由于压痕小，受内部组织和性能不均匀的影响，其测量准确性较差。因此，洛氏硬度测试数值通常采用不同位置的三点硬度平均值。

3. 维氏硬度

图 1-5 所示为维氏硬度试验机及配套计算机处理系统。维氏硬度也是根据压痕单位面积承受的压力来测量的，其试验原理如图 1-6 所示。将夹角为 136°的正四棱锥体金刚石压头，以选定的试验力 *F* 压入试样表面，保持规定的时间后去除试验力，在试样表面压出一个正四棱锥形的压痕，测量压痕两对角线的平均长度，计算硬度值。维氏硬度是用正四棱锥形压痕单位面积承受的平均压力表示的硬度值，符号为 HV。维氏硬度的计算公式为

$$HV = 0.1891 \frac{F}{d^2} \tag{1-3}$$

式中　F——试验力（N）；
　　　d——压痕两条对角线长度的算术平均值（mm）。

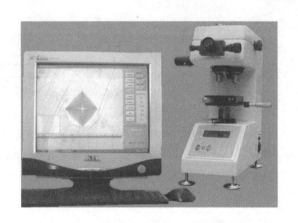

图 1-5　带计算机处理系统的维氏硬度试验机

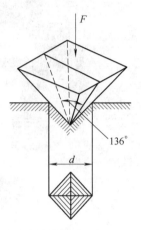

图 1-6　维氏硬度试验原理

试验时，有的维氏硬度试验机是在显微镜下由人工测出压痕的对角线长度，算出两对角线长度的平均值后，查表得出维氏硬度值；有的维氏硬度试验机是在显微镜下由机器自动显示压痕两对角线的长度，并显示经计算转换出的维氏硬度值；带计算机处理系统的维氏硬度试验机可在屏幕上显示压痕形状和维氏硬度值，并可记录、保存和处理图像及数据。

维氏硬度的标注方法：硬度值写在 HV 的前面，试验条件写在 HV 的后面。对于钢及铸铁，当试验力保持时间为 10~15s 时，可以不标出试验条件。例如，600HV30 表示用 30kgf 的试验力保持 10~15s 所测定的维氏硬度值为 600；640HV30/20 表示用 30kgf 的试验力保持 20s 所测定的维氏硬度值为 640。

维氏硬度测试的精度高，测量范围大，适用于各种硬度范围的金属，特别是极薄零件和渗碳、渗氮工件硬度的测定。但其操作较为复杂，测试效率不高，不适用大批量工件硬度的测定。

1.1.2　材料的强度测试

材料在外力作用下抵抗塑性变形或断裂的能力称为强度，强度是非常重要的力学性能指标，常采用拉伸试验方法测定。

1. 拉伸试验

拉伸试验是在材料拉伸试验机上用静拉力对拉伸试样进行轴向拉伸的试验。拉伸试验机如图 1-7 所示，拉伸试样的横截面形状一般为圆形、矩形或多边形等。

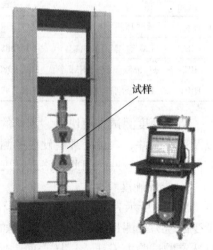

图 1-7　拉伸试验机

图 1-8 所示为圆柱形试样，d 为试样平行长度的直径，L_o 为试样的原始标距，d_u 为试样断口

处的最小直径，L_u 为断后标距。

将试样装在拉伸试验机的上下夹头之间，起动拉伸试验机，缓慢加载拉伸，随着载荷增加，试样逐渐伸长直至拉断。试样拉伸前及拉断后的照片如图 1-9 所示。

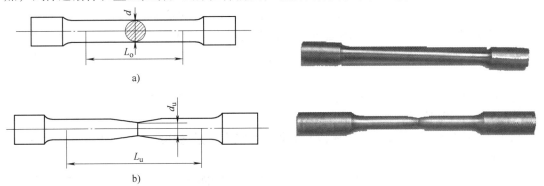

图 1-8　拉伸前及拉断后的拉伸试样

图 1-9　拉伸前及拉断后的拉伸试样照片

2. 应力-伸长率曲线

拉伸过程中试样所受的拉力与伸长量是不断变化的，常用到应力、伸长率的概念。应力是拉伸过程中的任意时刻试样所受的拉力与试样原始横截面积的比值，伸长率是指标距部分的伸长量与原始标距之比的百分率。试验装置可记录拉伸过程中的应力-伸长率关系曲线。图 1-10 所示为低碳钢的应力-伸长率曲线示意图。

由应力-伸长率曲线可知，应力为 0 时，伸长率为 0；在应力由 0 增大到 R_e 的过程中，试样的应力与伸长率之间成正比关系，在应力-伸长率曲线上表现为一条斜直线 Ob。在此范围内卸除载荷，试样能完全恢复到原来的形状与尺寸，即试样处于弹性变形阶段。R_e 是试样保持弹性变形的最大拉应力。

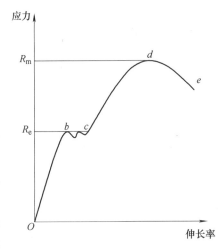

图 1-10　低碳钢的应力-伸长率曲线

当应力增加到 R_e 时，在应力-伸长率曲线出现水平或锯齿形线段 bc，表明在拉力不再增加的情况下，试样也会继续伸长，这种现象称为"屈服"，水平段称为屈服阶段。此阶段试样将产生塑性变形，卸载后变形不能完全恢复，塑性伸长将被保留。

当应力超过 R_e 后，在应力-伸长率曲线上出现一段上升曲线 cd，表明随着塑性变形量的增大，试样的变形抗力也逐渐增大，即试样抵抗变形的能力增强，此阶段称为冷变形强化阶段。此阶段试样平行长度段产生了大量均匀塑性变形。

当应力增至最大值 R_m 时，在应力-伸长率曲线上将出现一段下降曲线 de，试样伸长量迅速增大且伸长集中于试样的局部长度段，使局部横截面迅速减小，形成"缩颈"。由于缩颈处的横截面急剧缩小，单位面积承载大大增加，最后到 e 点试样被拉断。此阶段为局部塑性变形与断裂阶段。

3. 强度指标

强度是指材料抵抗塑性变形和断裂的能力。常用的强度指标有屈服强度与抗拉强度等，可由应力-伸长率曲线直接得出。

（1）屈服强度　屈服强度是指材料抵抗塑性变形的能力，是试样在拉伸试验过程中产生屈服时的应力，即 R_e，其单位为 MPa（N/mm²）。

工业上使用的一些金属材料，如高碳钢、铝合金等，在进行拉伸试验时屈服现象不明显，也不会产生缩颈现象，R_e 的测定很困难，因此规定一个相当于屈服强度的强度指标，将标距伸长率为 0.2% 时的应力值定为其屈服强度，称为规定非比例延伸强度，用 $R_p0.2$ 表示。

金属零件和结构在工作中一般是不允许产生塑性变形的，所以设计零件、结构时屈服强度 R_e 是重要的设计依据。

（2）抗拉强度　抗拉强度是指材料抵抗断裂的能力，是试样断裂前能承受的最大应力，即 R_m，其单位为 MPa（N/mm²）。

R_m 是材料由均匀塑性变形向局部集中塑性变形过渡的临界值，也是材料在静拉伸条件下的最大承载能力。由于测试数据较准确，有关手册和资料提供的设计、选材的强度指标是抗拉强度 R_m。

1.1.3　材料的塑性测试

塑性是指材料断裂前产生塑性变形的能力。塑性也是通过拉伸试验来测试的，用拉伸试样断裂时的最大相对变形量表示金属的塑性指标，常用的有断后伸长率和断面收缩率。

1. 断后伸长率

拉伸试样在进行拉伸试验时，在拉力的作用下将产生不断伸长的塑性变形。试样拉断后的伸长量与其原始长度的百分比称为断后伸长率，用符号 A 表示，即

$$A = \frac{L_u - L_o}{L_o} \times 100\% \tag{1-4}$$

式中　L_u——试样断后标距（mm）；

　　　L_o——试样原始标距（mm）。

2. 断面收缩率

断面收缩率是试样拉断后横截面积的最大缩减量与原始横截面积的百分比，用符号 Z 表示，即

$$Z = \frac{S_o - S_u}{S_o} \times 100\% \tag{1-5}$$

式中　S_o——试样原始横截面积（mm²）；

　　　S_u——试样拉断后断口的横截面积（mm²）。

机械零件在工作时若突然超载，如果材料塑性好，就能先产生塑性变形而不会突然断裂破坏。因此，大多数机械零件除了应满足强度要求外，还必须有一定的塑性。但是，铸铁、陶瓷等脆性材料的塑性极低，拉伸时几乎不产生明显的塑性变形，超载时会突然断裂，使用时必须注意。

1.1.4　材料的韧性测试

对于在冲击载荷条件下工作的机器零件和工具，如活塞销、锤杆、冲模、连杆等，由于

冲击载荷的速度快、作用时间短，易引起工件材料的局部变形和断裂。进行选材或设计时，必须考虑其冲击韧性，即材料抵抗冲击载荷的能力。材料的冲击韧性是通过冲击试验测试得到的。

1. 冲击试验

冲击试验原理如图 1-11 所示。试验时，将带有缺口（如 U 型缺口）的试样放在试验机的机架上，使其缺口位于两固定支座中间，并背向摆锤的冲击方向。将质量为 m 的摆锤提升到 h_1，使摆锤具有一定的势能 mgh_1，自由落下将试样冲断，摆锤继续升高到 h_2，此时摆锤的势能为 mgh_2。则摆锤冲断试样所消耗的势能 KU 为

$$KU = mgh_1 - mgh_2 \tag{1-6}$$

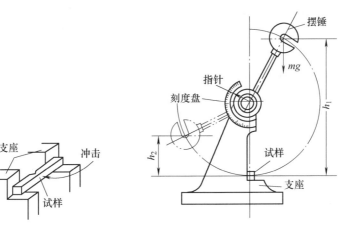

图 1-11　冲击试验原理图

KU 就是规定形状和尺寸的试样在冲击试验力一次作用下断裂时所吸收的能量，称为冲击吸收能量，摆锤刀刃半径为 2mm 时表示为 KU_2。试样为 V 型缺口时表示为 KV、KV_2。

2. 冲击韧度

用试样断口处的横截面积 $S(\mathrm{cm}^2)$ 除以 $KU(\mathrm{J})$，即得到冲击韧度 $a_\mathrm{K}(\mathrm{J/cm}^2)$。

$$a_\mathrm{K} = \frac{KU}{S} \tag{1-7}$$

a_k 对组织缺陷很敏感，能反映材料质量、宏观缺陷和显微组织方面的微小变化。因此，冲击试验是生产中用来检验冶炼和热加工质量的有效方法之一。

1.2　材料的显微组织结构分析

材料性能取决于其内部组织及结构，材料的显微组织及结构分析是研究工程材料的重要手段，使用的仪器主要有金相显微镜、扫描电子显微镜、透射电子显微镜、X 射线衍射仪等。研究材料组织的主要仪器是金相显微镜，但研究材料高倍显微组织、表面形貌和内部更微观的结构时需要使用扫描电子显微镜、透射电子显微镜及 X 射线衍射仪。这里重点介绍金相显微镜的工作原理、结构和使用方法，对扫描电子显微镜、透射电子显微镜及 X 射线衍射仪仅做简要介绍。

1.2.1 金相显微分析

1. 金相显微镜的工作原理

金相显微镜的光学原理如图 1-12 所示。其光学系统包括物镜、目镜及一些辅助光学零件。对着物体 AB 的一组透镜组成物镜 O_1，对着人眼的一组透镜组成目镜 O_2。现代显微镜的物镜、目镜都是由复杂的透镜系统组成的。

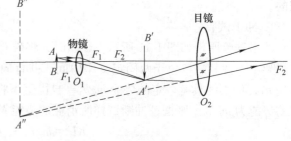

图 1-12　金相显微镜的光学原理

物镜使物体 AB 形成放大的倒立实像 $A'B'$（称为中间像），目镜再将 $A'B'$ 放大成仍倒立的虚像 $A''B''$，其位置正好在人眼的明视距离处（即距人眼 250mm 处），在金相显微镜目镜中看到的就是这个虚像 $A''B''$。

2. 金相显微镜的主要性能

（1）金相显微镜的放大倍数　放大倍数的计算公式为

$$M = M_物 M_目 = \frac{L}{f_物} \frac{D}{f_目} \tag{1-8}$$

式中　M——金相显微镜的放大倍数；

　　　$M_物$——物镜的放大倍数；

　　　$M_目$——目镜的放大倍数；

　　　$f_物$——物镜的焦距；

　　　$f_目$——目镜的焦距；

　　　L——金相显微镜的光学镜筒长度；

　　　D——明视距离（距人眼 250mm）。

$f_物$、$f_目$ 越小或 L 越大，则金相显微镜的放大倍数越大。使用时，金相显微镜的放大倍数就是物镜和目镜放大倍数的乘积。有的小型金相显微镜的放大倍数需乘以一个镜筒系数，因为其镜筒长度比规定的镜筒长度小。

（2）金相显微镜的鉴别率　金相显微镜的鉴别率是指它能清晰分辨试样上两点间最小距离 d 的能力。在普通光线下，人眼能分辨的两点间的最小距离为 0.15～0.30mm，即人眼的鉴别率 d 为 0.15～0.30mm，而当显微镜的有效放大倍数为 1400 倍时，其鉴别率 d 为 $0.21×10^{-3}$mm。显然，d 值越小，鉴别率就越高。鉴别率是金相显微镜的一个重要性能，其计算公式为

$$d = \frac{\lambda}{2A} \tag{1-9}$$

式中　λ——入射光线的波长；

　　　A——物镜的数值孔径。

金相显微镜的鉴别率取决于所使用光线的波长和物镜的数值孔径，与目镜无关，光线的波长可通过滤色片来选择。蓝光的波长（$\lambda = 0.44\mu m$）比黄绿光（$\lambda = 0.55\mu m$）短，所以金相显微镜对蓝光的鉴别率比黄绿光大 25%。当光线的波长一定时，可通过改变物镜的数值孔径来调节金相显微镜的鉴别率。

数值孔径 $A = n\sin\varphi$，其中 n 为物镜与试样之间介质的折射率，φ 为物镜孔径角的一半。在空气介质（$n = 1$）中使用时，A 一定小于 1，这类物镜称为干系物镜。当物镜与试样之间充满松柏油介质（$n = 1.5$）时，A 最高可达 1.4，这就是金相显微镜在高倍观察时用的油浸系物镜（俗称油镜头）。每个物镜都有一个设计额定 A 值，它标刻在物镜体上。

（3）光学显微镜的成像质量　在成像过程中，受几何光学条件限制，影像会变得模糊不清或发生畸变，这种缺陷称为像差，主要有球面像差和色像差。

1）球面像差。如图 1-13 所示，当来自 A 点的单色光（即一定波长的光线）通过透镜后，由于透镜表面呈球形，光线不能交于一点，而使放大后的像模糊不清，此现象称为球面像差。

降低球面像差的办法，除了制造物镜时采用不同透镜的组合进行必要的校正外，也可以在使用显微镜时，采取调节孔径光栏、适当控制入射光束粗细、减小透镜表面积等方法。

2）色像差。如图 1-14 所示，白色光是由七种单色光组成的，当来自 A 点的白色光通过透镜后，由于各单色光的波长不同，折射率不一样，使光线折射后不能交于一点。紫光折射最强，红光折射最弱，结果使成像模糊不清，此现象称为色像差。

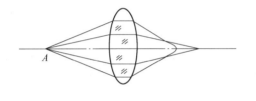

图 1-13　球面像差示意图

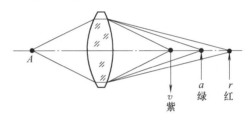

图 1-14　色像差示意图

消除色像差的方法，一是制造物镜时进行校正，根据校正程度，物镜可分为消色差物镜和复消色差物镜。消色差物镜常与普通目镜配合，用于低倍和中倍观察；复消色差物镜与补偿目镜配合，用于高倍观察。二是使用滤色片得到单色光，常用的滤色片有蓝色、绿色或黄色等。

3. 金相显微镜的构造

金相显微镜的种类和样式很多，其构造通常由光学系统、照明系统及机械系统三大部分组成。目前，许多金相显微镜配有数码拍照装置或计算机图像拍摄及处理系统。现以国产 XJB-1 型金相显微镜为例进行说明。

XJB-1 型金相显微镜的结构如图 1-15 所示。由灯泡发出一束光线，经聚光镜组及反光镜被汇聚在孔径光栏上，然后经过聚光镜，再次将光线聚集在物镜的后焦面上，最后经过物镜，使试样表面得到充分、均匀的照明。从试样反射回来的光线复经物镜、辅助透镜、半反射镜及棱镜，形成物体的倒立放大实像。该像再经由场透镜和目透镜组成的目镜放大，即可得到所观察的试样表面的放大图像。

XJB-1 型金相显微镜各部件的功能及使用方法如下。

（1）照明系统　照明系统是该仪器的主要组成部分之一。底座内装有一个 6~8V 的低压钨丝灯泡作为光源。利用灯座的偏心圈将其紧固在圆形底盘内。灯前另有聚光镜组（一），反光镜和孔径光栏组成的部件都安装在圆形底盘上。另外还有视场光栏及安装在支架上的聚

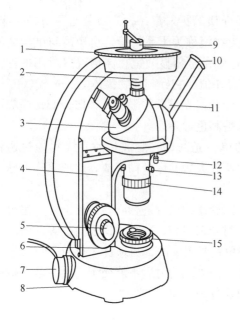

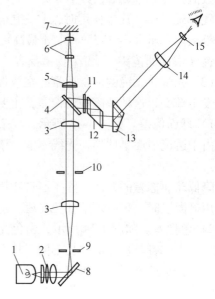

a) 结构图 b) 光学系统图

1—载物台　2—物镜　3—转换器　4—传动箱　5—微　　　1—灯泡　2—聚光镜组（一）　3—聚光镜组（二）
动调焦旋钮　6—粗动调焦旋钮　7—偏心圈　8—底座　　　4—半反射镜　5—辅助透镜（一）　6—物镜组　7—试样
9—试样　10—10×目镜　11—目镜管　12—固定螺钉　　8—反光镜　9—孔径光栏　10—视场光栏　11—辅助
13—调节螺钉　14—视场光栏　15—孔径光栏　　　　　透镜（二）　12、13—棱镜　14—场透镜　15—目视镜

图 1-15　XJB-1 型金相显微镜

光镜组（二）。通过以上一系列透镜及物镜本身的作用，使试样表面获得充分、均匀的照明。

（2）显微镜调焦装置　显微镜体的两侧有粗动和微动调焦旋钮，两者在同一部位。旋动粗动调焦旋钮，通过内部齿轮传动，使支承载物台的弯臂做上下运动。在粗动调焦旋钮的一侧有制动装置，用于固定调焦正确后载物台的位置。微动调焦旋钮转动内部的一组齿轮，使其沿着滑轨缓慢移动。在右侧旋钮上刻有分度，每小格表示微动升降 0.002mm。镜体齿轮上刻有两条白线，相连支架上有一条白线，用以表示微动升降的极限位置。微调时不可超出这一范围，否则将会损坏机件。

（3）载物台（样品台）　载物台用于放置金相试样。载物台和下面托盘之间有导架，移动结构采用黏性油膜连接，在手的推动下，可使载物台在水平面上做一定范围内的移动，以改变试样的观察部位。

（4）孔径光栏和视场光栏　孔径光栏装在照明反射镜座上面，刻有 0~5 分刻线，用来表示孔径的毫米数。视场光栏装在物镜支架下面，可以通过旋转滚花套圈来调节视场光栏大小。在套圈上方有两个滚花螺钉，用来调节光栏中心。通过调节孔径和视场光栏的大小，可以提高最后的成像质量。

（5）物镜转换器　物镜转换器呈球面形，上面有三个螺孔，可安装不同放大倍数的物镜，旋动转换器可使物镜镜头进入光路，并与不同的目镜搭配使用，以获得各种放大倍数。

（6）目镜筒　目镜筒呈45°倾斜式安装在附有棱镜的半球形座上，还可将目镜转向90°

呈水平状态，以配合照相装置进行显微摄影。

表 1-3 所列为金相显微镜不同物镜和目镜配合的放大倍数。

表 1-3　金相显微镜的放大倍数

光学系统	目镜 物镜	5×	10×	15×
干燥系统	10×	50×	100×	150×
干燥系统	20×	100×	200×	300×
干燥系统	40×	200×	400×	600×
油浸系统	100×	500×	1000×	1500×

随着技术的发展及进步，目前出现了多种形式、性能优良的金相显微镜，如配备数码摄像装置及计算机处理系统等的金相显微镜，如图 1-16 所示。

4. 使用金相显微镜时的注意事项

金相显微镜是贵重的精密光学仪器，在使用时必须十分爱护，自觉遵守实验室的规章制度和操作程序。

1）初次操作金相显微镜前，应首先了解其基本原理、构造以及各主要附件的作用等，并了解金相显微镜使用注意事项。

2）金相试样应干净，不得残留有酒精和浸蚀剂，以免腐蚀物镜的透镜。使用时不能用手触摸透镜。擦镜头时要使用镜头纸。

3）照明灯泡的电压一般为 6V，必须搭配降压变压器使用，千万不可将灯泡插头直接连接 220V 电源，以免烧毁灯泡。

4）操作时要细心，不得有粗暴和剧烈

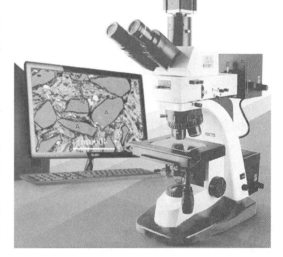

图 1-16　配备计算机处理系统的金相显微镜

的动作。安装、更换镜头及其他附件时要细心，严禁拆卸金相显微镜和镜头等重要附件。

5）调焦距时应将载物台降下，使样品尽量靠近物镜（不能接触），然后用目镜观察。先用双手旋转粗动调焦旋钮，使载物台慢慢上升，待看到组织后，再调节微动调焦旋钮直至图像清晰为止。

6）使用时如出现故障应立即报告辅导教师，不得自行处理。

7）使用完毕后关闭电源，将镜头与附件放回附件盒，将显微镜恢复到使用前的状态。

5. 金相试样的制备

为了在金相显微镜下清楚地观察到金属内部的显微组织，必须精心制备金属试样。试样制备过程包括取样、镶嵌、磨制、抛光、浸蚀等工序。

（1）取样　必须根据被分析材料或零件的失效特点、加工工艺及研究目的等因素来确定取样部位及观察面。

例如，研究铸造合金时，由于其组织不均匀，应从铸件表面、中心等典型区域分别切取试样，全面地进行金相观察。

研究零件的失效原因时，应在失效部位取样，同时也要在完好的部位取样，以便进行比较分析。

要注意取样方法，应保证不使试样被观察面的金相组织发生变化。对于软材料，可采用锯削、车削等方法；对于硬材料，可用水冷砂轮切片机切取或电火花线切割；对于硬而脆的材料（如白口铸铁），则可采用锤击；大件可用氧气切割等。

试样尺寸不要太大，一般以高度等于 $10 \sim 15\text{mm}$，观察面的边长或直径等于 $15 \sim 25\text{mm}$ 的方形或圆柱形较为合适。

（2）镶嵌 一般试样无需镶嵌。尺寸过于细小，如细丝、薄片、细管或形状不规则，以及有特殊要求（如观察表层组织）的试样，制备时比较困难，则必须将其镶嵌起来。

镶嵌方法很多，有低熔点合金镶嵌、电木粉镶嵌、环氧树脂镶嵌等，目前一般多用电木粉镶嵌，并使用专门的镶嵌机。用电木粉镶嵌时要施加一定的温度和压力，会使马氏体回火和软金属产生塑性变形等，在这种情况下，可改用夹具夹持法。

（3）磨制

1）粗磨。软材料（如有色金属）可用锉刀锉平，一般钢铁材料通常在砂轮机上磨平。磨制时应使用砂轮侧面，以保证将试样磨平。打磨过程中，要不断用水冷却试样，以防温度升高引起试样组织变化。另外，试样边缘的棱角如没有保存的必要，可最后磨圆（倒角），以免在细磨及抛光时划破砂纸或抛光布。

2）细磨。细磨有手工磨和机械磨两种。手工磨是用手拿持试样，在金相砂纸上将其磨平。我国金相砂纸常用的型号按粗细有 0 号（W40、320 目）、01 号（W28、400 目）、02 号（W20、500 目）、03 号（W14、600 目）、04 号（W10、800 目）、05 号（W7、1000 目）、06 号（W5、1200 目）等。细磨时，依次从较粗型号磨至较细型号。必须注意，每更换一道砂纸时，应将试样的磨制方向调转 $90°$，即与上一道磨痕方向垂直，以便观察上一道磨痕是否被磨去。另外，在磨制软材料时，可在砂纸上涂一层润滑剂，如机油、汽油、甘油、肥皂水等，以免砂粒嵌入试样磨面。

为了加快磨制速度，减轻劳动强度，可使用在转盘上贴水砂纸的磨样机进行机械磨光。用水砂纸磨制时，要不断加水冷却，由较粗型号砂纸逐次磨到较细型号砂纸，每换一道砂纸，应用水将试样冲洗干净，并调转 $90°$ 方向。

（4）抛光 细磨后的试样还需进行抛光，目的是去除细磨时遗留下的磨痕，以获得光亮而无磨痕的镜面。试样的抛光有机械抛光、电解抛光和化学抛光等。

1）机械抛光。机械抛光在专用抛光机上进行。抛光机主要由一台电动机和被带动的一个或两个抛光盘组成，转速为 $200 \sim 600\text{r/min}$。抛光盘上辅以不同材料的抛光布，粗抛时常用帆布或粗呢，精抛时常用绒布、细呢或丝绸。抛光时在抛光盘上不断滴注抛光液，抛光液一般采用 Al_2O_3、MgO 或 Cr_2O_3 等粉末（粒度为 $0.3 \sim 1\mu\text{m}$）在水中的悬浮液（每升水中加入 $5 \sim 10\text{g}Al_2O_3$），或在抛光盘上涂以由极细的钻石粉制成的膏状抛光剂。抛光时，应将试样磨面均匀、平正地压在旋转的抛光盘上，压力不宜过大，并沿盘的边缘到中心不断做径向往复移动。抛光时间不宜过长，试样表面磨痕全部消除而呈光亮的镜面后，即可停止抛光。用水将试样冲洗干净，然后进行浸蚀干燥，或直接干燥后在显微镜下观察。

2）电解抛光。电解抛光时把磨光的试样浸入电解液中，接通试样（阳极）与阴极之间的电源（直流电源）。阴极为不锈钢板或铅板，并与试样抛光面保持一定的距离。当电流密度足够大时，试样磨面即发生选择性溶解，靠近阳极的电解液将在试样表面形成一层厚度不均的薄膜。由于薄膜本身具有较大的电阻，并与其厚度成正比，如果试样表面高低不平，则突出部分薄膜的厚度要比凹陷部分薄膜的厚度小些，因此突出部分的电流密度较大，溶解较快，于是，试样最后形成了平坦、光滑的表面。电解抛光装置示意图如图1-17所示。

3）化学抛光。化学抛光的实质与电解抛光类似，也是一个表层溶解过程，但它完全是靠化学溶剂对不均匀表面的选择性溶解来获得光亮的抛光面的。化学抛光操作简便，抛光时将试样浸在抛光液中，或用棉花蘸取抛光液，在试样磨面上来回擦洗。化学抛光兼有化学浸蚀的作用，能显示金相组织。因此，试样经化学抛光后可直接在金相显微镜下观察。

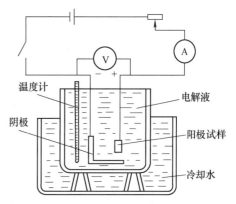

图1-17 电解抛光装置示意图

（5）浸蚀 除观察试样中某些非金属夹杂物或铸铁中的石墨等情况外，金相试样磨面抛光后，还需进行浸蚀。常用化学浸蚀来显示金属的显微组织。不同的材料使用不同的浸蚀剂。常用浸蚀剂见表1-4。更多的化学浸蚀剂的用法见附录C。

表1-4 常用浸蚀剂

材料名称	浸蚀剂成分
钢、铁	1. 2%~4%硝酸酒精溶液
	2. 2%~4%苦味酸酒精溶液
铝合金	1. 0.5%HF（浓）水溶液
	2. 1%NaOH水溶液
	3. 1%HF+2.5%HNO$_3$+1.5%HCl+95%H$_2$O
铜合金	1. 8%CuCl$_2$溶液
	2. 3%FeCl$_3$+10%HCl溶液
轴承合金	1. 2%~4%硝酸酒精溶液
	2. 3份CH$_3$COOH+1份NHO$_3$混合溶液

浸蚀时可将试样磨面浸入浸蚀剂中，也可用棉花蘸取浸蚀剂擦拭表面。浸蚀的深浅根据组织特点和观察时的放大倍数而定。高倍观察时浸蚀要浅一些，低倍观察时则略深一些；单相组织浸蚀得深一些，双相组织浸蚀得浅些。一般浸蚀到试样磨面稍发暗即可。浸蚀后用水冲洗，必要时再用酒精清洗，最后用吸水纸（或毛巾）吸干，或用吹风机吹干。

1.2.2 扫描电子显微分析

扫描电子显微镜（SEM）是近二十几年来迅速发展起来的一种新型电子光学仪器，其成像原理与金相显微镜不同，不用透镜成像，而是以摄影显像的方式，用细聚焦电子束在样品表面扫描时激发产生的某些物理信号来调制成像。

1. 扫描电子显微镜的工作原理

图1-18是扫描电子显微镜的工作原理示意图。由最上边的电子枪发射出来的电子束，

经栅极聚焦后，在加速电压作用下，经过由 2~3 个电磁透镜组成的电子光学系统，会聚成一个细的电子束聚焦于样品表面。在末级透镜上装有扫描线圈，在其作用下使电子束在样品表面进行扫描。由于高能电子束与样品的物质交互作用，产生了各种信息：二次电子、背反射电子、吸收电子、X 射线、俄歇电子、阴极发光和透射电子等。这些信号被相应的接收器接收，经放大后送到显像管的栅极上，调制显像管的亮度。由于经过扫描线圈的电流是与显像管的亮度一一对应的，也就是说，当电子束打到样品上的一点时，就会在显像管荧光屏上出现一个亮点。扫描电子显微镜就是采用逐点成像的方法，按顺序、成比例地把样品表面的不同特征转换为视频信号，完成一帧图像，从而在荧光屏上显示样品表面的各种特征图像。

2. 扫描电子显微镜的构造及主要性能

（1）扫描电子显微镜的构造　扫描电子显微镜由电子光学系统（镜筒）、扫描系统、信号检测放大系统、图像显示和记录系统、真空系统及电源系统等组成。

电子光学系统由电子枪、电磁聚光镜、光阑、样品室等组成，如图 1-19 所示。其作用是获得扫描电子束，作为使样品产生各种物理信号的激发源。为了获得较高的信号强度分辨率，扫描电子束应具有较高的亮度和尽可能小的束斑直径。目前，高分辨扫描电子显微镜的理想电子源为场发射电子枪，如图 1-20 所示。它是利用曲率半径很小的阴极尖端附近的强电场（如 $10^7 V/mm$），使阴极尖端发射电子的。

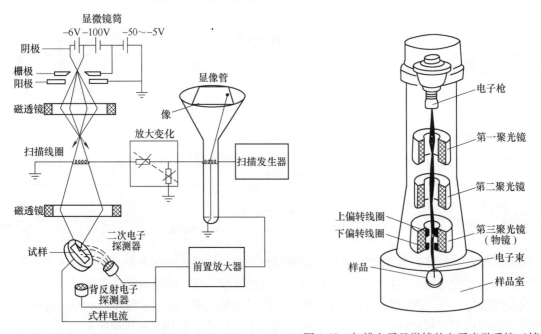

图 1-18　扫描电子显微镜工作原理示意图　　图 1-19　扫描电子显微镜的电子光学系统（镜筒）

扫描系统的作用是提供入射电子束在样品表面上以及阴极射线管电子束在荧光屏上的同步扫描信号，改变入射电子束在样品表面的扫描振幅，以获得所需放大倍数的扫描像。

信号检测放大系统的作用是检测样品在入射电子作用下产生的物理信号，然后经视频放大，作为显像系统的调制信号。

图像显示和记录系统的作用是把信号检测系统输出的调制信号转换为在阴极射线荧光屏上显示的样品表面某种特征的扫描图像，供观察或照相记录。

真空系统提供使电子光学系统正常工作，并防止样品被污染所必需的真空度。

电源系统提供各部分所需电源，由稳压、稳流及相应的安全保护电路组成。

（2）扫描电子显微镜的主要性能　扫描电子显微镜的放大倍数 M 是指在显像管中，电子束在荧光屏上的最大扫描距离与在镜筒中电子束针在试样上的最大扫描距离的比值，即

$$M = \frac{l}{L} \tag{1-10}$$

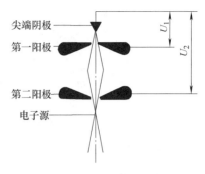

图 1-20　场发射电子枪

式中　l——荧光屏长度；

L——电子束在试样上扫过的长度。

这个比值是通过调节扫描线圈中的电流来改变的。用来观察图像的荧光屏长度是固定的，如果减小扫描线圈中的电流，电子束偏转的角度减小，在试样上移动的距离变小，则放大倍数将增大；反之，增大扫描线圈中的电流，放大倍数就会变小。可见，改变扫描电子显微镜的放大倍数是十分方便的。目前大多数商业扫描电子显微镜的放大倍数可从低倍连续调节到 20 万倍左右。

扫描电子显微镜的景深比较大，成像富有立体感，所以它特别适用于粗糙样品表面的观察和分析。

分辨本领是扫描电子显微镜的主要性能指标之一。在理想情况下，二次电子像分辨率等于电子束斑直径。正是由于这个缘故，总是将二次电子像的分辨率作为衡量扫描电子显微镜性能的主要指标。目前高性能扫描电子显微镜的普通钨丝电子枪的二次成像分辨率已达 3.5nm 左右。

3. 扫描电子显微镜在材料分析中的应用

扫描电子显微镜的像衬度主要是利用样品表面微区特征（如形貌、原子序数、化学成分、晶体结构或位向等）的差异，在电子束作用下产生不同强度的物理信号，使阴极射线管荧光屏上不同区域的亮度不同，从而获得具有一定衬度的图像，便于进行失效工件的断口检测及观察各种材料的表面形貌。

（1）断口分析　材料的断口分析可揭示断裂机理，判断裂纹性质和原因、裂纹源及其走向，还可观察断口中的外来物质或夹杂物。图 1-21a、b 所示分别为韧性断口和脆性断口。

（2）高倍金相组织观察分析　扫描电子显微镜在观察高倍显微组织、第二相立体形态、各种热处理缺陷（过烧、脱碳、微裂纹等）方面，是很有效的工具。由于扫描电子显微镜的景深大，因此可以观察到材料表面的三维立体形态，如图 1-21c 所示。

4. 扫描电子显微镜试样的制备

扫描电子显微镜要求试样是块体或粉末，且在真空条件要能保持性能稳定。当表面有氧化层或污物时，应采用丙酮溶剂清洗干净。有的样品必须用化学试剂浸蚀后才能显露显微组织的形态，而对铝基复合材料则不宜浸蚀，这是由于增强体与基体的结合界面易被浸蚀而影响界面观察。

一般块体试样的尺寸：直径为 10~15mm，厚度约为 5mm。若为导电试样，则可直接置于

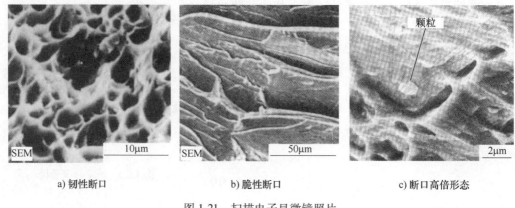

a) 韧性断口　　　　　　　　　b) 脆性断口　　　　　　　　　c) 断口高倍形态

图 1-21　扫描电子显微镜照片

样品室中的样品台上进行观察，样品台一般由铜或铝质材料制成。在试样与样品台之间贴有导电胶，一方面可固定试样，防止因样品台转动或上升下降时样品滑动而影响观察；另一方面可释放电荷，防止因电荷聚集而使图像质量下降。如果是非导电试样，则需对试样喷一层约 10nm 厚的金、铜、铝或碳膜导电层。导电层的厚度可根据颜色判定，厚度应适中，若厚度太厚，则会掩盖样品表面细节；若厚度太薄，则会使膜不均匀，导致局部放电而影响图像质量。对于复合材料的金相观察，试样抛光要求较高，划痕要少，该类样品的制备难度较大。

1.2.3　透射电子显微分析

透射电子显微镜（TEM）是以波长极短的电子束作为照明源，用电磁透镜聚焦成像的一种高分辨本领、高放大倍数的电子光学仪器。

1. 透射电子显微镜的工作原理

（1）质厚衬度效应　所谓衬度是指在荧光屏或照相底片上，人眼所能观察到的光强度或感光度的差别。样品上的不同微区，无论是质量还是厚度上的差别，均可引起相应区域透射电子强度的改变，从而在图像上形成亮暗不同的区域，这一现象称为质厚衬度效应。利用这种效应观察复型样品，可以显示许多在光学显微镜下无法分辨的组织形貌细节。

（2）衍射效应　入射电子束通常都是波长恒定的单色平面波，照射到晶体样品上时会与晶体物质发生弹性相干散射，使其在一些特定的方向上由于相位相同而加强，但在其他方向上却减弱，这种现象称为衍射。与晶体物质对 X 射线的衍射规律相同，其衍射条件由布拉格方程给出

$$2d\sin\theta = \lambda \tag{1-11}$$

式中　d——样品晶体的晶面间距；

λ——入射电子的波长；

θ——入射束与晶面的掠射角。

当 λ 已知时，测出产生衍射效应的一系列掠射角的大小，即可求出相应的晶面间距 d 值数列，从而确定样品晶体的结构。对于已知结构的晶体，还可通过衍射效应确定晶体的空间方位及其与相邻晶体间的位向关系，为研究金属相变及形变过程中的结构变化提供有力的手段。

（3）衍衬效应　在同一入射束照射下，由于样品相邻区域的位向或结构不同，使衍射束

（或透射束，二者强度互补）强度不同，从而造成图像亮度差别（衬度），称为衍衬效应。它可显示单相合金晶粒的形貌，或多相合金中不同相的分布情况，以及晶体内部的结构缺陷等。

2. 透射电子显微镜的结构及性能

（1）透射电子显微镜的结构　尽管目前商业电子显微镜的种类繁多，高性能、多用途的透射电子显微镜不断出现，但其成像原理相同、结构类似。图1-22是透射电子显微镜镜筒剖面示意图。

1）电子光学部分。整个电子光学部分完全置于镜筒之内，自上而下顺序排列着电子枪、聚光镜、样品室、物镜、中间镜、投影镜、观察室、荧光屏、照相机构等装置。根据这些装置的功能不同，又可将电子光学部分分为照明系统、样品室、成像系统及图像观察和记录系统。照明系统由电子枪、聚光镜和相应的平移对中及倾斜调节装置组成。它的作用是为成像系统提供一束亮度高、相干性好的照明光源。样品室中有样品杆、样品杯及样品台。透射电镜样品一般放在直径为3mm、厚度为 $50\sim100\mu m$ 的载网上，载网放入样品杯中。样品台的作用是承载样品，并使样品能在物镜极靴孔内平移、倾斜、旋转，以选择感兴趣的样品区域进行观察分析。样品台有顶插式和侧插式两种，一般高分辨率型电子显微镜采用顶插式样品台，分析型电子显微镜采用侧插式样品台。最新式的电子显微镜上还装有双倾斜、加热、冷却和拉伸等样品台，以满足相变、形变等动态观察的需要。成像系统一般由物镜、中间镜和投影镜组成。物镜的分辨本领决定了电镜的分辨本领，因此为了获得最高分辨本领、最佳质

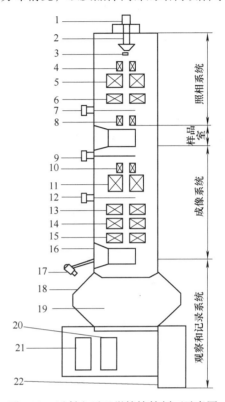

图1-22　透射电子显微镜镜筒剖面示意图

1—高压电缆　2—电子枪　3—阳极　4—束流偏转线圈　5—第一聚光镜　6—第二聚光镜　7—聚光镜光阑　8—电磁偏转线圈　9—物镜光阑　10—物镜消像散线圈　11—物镜　12—选区光阑　13—第一中间镜　14—第二中间镜　15—第三中间镜　16—高分辨衍射室　17—光学显微镜　18—观察窗　19—荧光屏　20—发片盒　21—收片盒　22—照相室

量的图像，物镜采用强励磁、短焦距透镜以减少像差，还借助于孔径不同的物镜光阑和消像散器进一步降低球差，改变衬度，消除像散，防止污染，以获得最佳的分辨本领。中间镜和投影镜的作用是将来自物镜的图像进一步放大。图像观察和记录系统由荧光屏、照相机、数据显示等组成。

2）真空系统。真空系统由机械泵、油扩散泵、换向阀门、真空测量仪表及真空管道等组成。它的作用是排除镜筒内的气体，使镜筒真空度在 $10^{-3}\mathrm{Pa}$ 以上，目前真空度最高可以达到 $10^{-7}\sim10^{-8}\mathrm{Pa}$。如果真空度低，则电子与气体分子之间的碰撞会引起散射而影响衬度，还会因电子栅极与阳极间的高压电离导致极间放电，残余的气体还会腐蚀灯丝，污染样品。

（2）供电控制系统。加速电压和透镜励磁电流不稳定会导致严重的色差及降低电镜的分辨本领，所以加速电压和透镜电流的稳定性是衡量电镜性能好坏的一个重要标准。

（3）透射电镜电路。透射电子显微镜电路主要由高压直流电源、透镜励磁电源、偏转

器线圈电源、电子枪灯丝加热电源，以及真空系统控制电路、真空泵电源、照相驱动装置和自动曝光电路等部分组成。另外，许多高性能电子显微镜上还装备有扫描附件、能谱议、电子能量损失谱仪等仪器。

（4）透射电子显微镜的性能 透射电子显微镜可实现高、中、低三种放大倍数。一般情况下，采用三级高倍成像系统，可以通过物镜、中间镜、投影镜三级放大获得高达 20 万倍左右的电子像，如图 1-23a 所示。如果改变物镜励磁强度，使物镜成像于中间镜之下，则可实现三级中倍成像，获得几千至几万倍的电子像，如图 1-23b 所示。如果关闭物镜，减弱中间镜的励磁强度，则可实现二级低倍成像，获得 100～300 倍的低倍图像，为确定高倍观察区提供方便，如图 1-23c 所示。

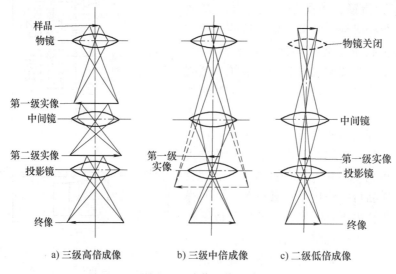

a) 三级高倍成像　　　b) 三级中倍成像　　　c) 二级低倍成像

图 1-23　成像系统光路

透射电镜的分辨本领主要取决于物镜，要获得物镜的高分辨本领，必须尽可能降低像差。通常采用强励磁、短焦距（1.5～3mm）的物镜，还可通过物镜光阑和消像散器（用来补偿电磁透镜的非旋转对称磁场，是强度和方位可调节的校正磁场装置）来进一步降低球差，消除像散。透射电子显微镜的点分辨本领优于 3～5Å(0.3～0.5nm)，超高分辨本领的透射电镜还能直接显示固体晶格像和结构像。

3. 透射电子显微镜在材料显微分析中的应用

（1）高倍组织观察和断口表面形貌观察 透射电子显微镜要让电子束穿透样品，要求样品很薄（100～200nm），很难制备这种试样。一般采用复型技术，用塑料或碳等非晶薄膜材料将试样表面形貌复制下来，在透镜电子显微镜中观察，可得到清晰的高倍组织图像或断口表面形貌。图 1-24 所示为韧性断口的 TEM 和 SEM 照片比较。

（2）晶格结构分析和物相鉴定 通过薄晶样品的电子衍射花样斑点计算出晶向指数、晶格常数，可判断材料中各相的晶体结构，并可判定细小物相的种类。

4. 透射电子显微镜试样的制备

（1）复型样品制备 在样品表面滴一滴丙酮，然后贴上一片稍大于样品的 AC 纸（用 6% 的醋酸纤维素丙酮溶液制成的薄膜），注意不可留下气泡或皱折。待 AC 纸干透后小心揭

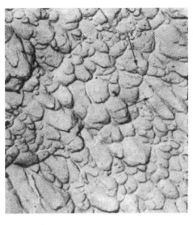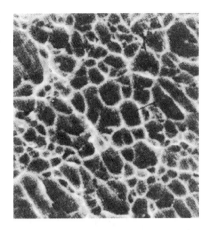

a) 透射电镜 (TEM)　　　　　　　　　b) 扫描电镜 (SEM)

图 1-24　透射电镜与扫描电镜的韧性断口比较

下。AC 纸应反复贴几次，以便除去试样表面的腐蚀产物或灰尘等，将最后一片 AC 纸留下，这片 AC 纸就是需要的塑料一级复型。

将得到样品浮雕的 AC 纸复型面朝上平整地贴在衬有纸片的胶带纸上。

将上述复型放入真空镀膜机内投影重金属，最后在垂直方向上喷镀一层碳，从而得到醋酸纤维素-碳的复合复型。

将复合复型剪成小于 ϕ3mm 的小片投入丙酮溶液中，待醋酸纤维素溶解后，用铜网将碳膜捞起。

将捞起的碳膜连同铜网一起放到滤纸上吸干水分，经干燥后即可放入电子显微镜下进行观察。

（2）薄晶样品制备　目前应用较普遍的金属薄膜的大体制备过程为：线切割→机械研磨→化学抛光→电解抛光，具体制备方法如下：

1）线切割。用线切割机床从大块样品上切下 0.20～0.30mm 厚的薄片，一般多切几片备用。

2）机械研磨预减薄。机械研磨与金相试样磨光过程基本一样，其目的是将线切割留下的凹凸不平的表面磨光并预减薄至 100μm 左右。机械研磨具有快速和易于控制厚度的优点，但难免产生应变损伤和样品升温，因此减薄厚度不应小于 100μm，否则其损伤层将贯穿薄片的全部深度。

3）化学抛光预减薄。化学抛光是无应力的快速减薄过程。抛光液一般包括三种基本成分：第一种成分是硝酸或双氧水等强氧化剂，用于氧化样品表面；第二种成分是另一种酸，用来溶解产生的氧化物层；第三种成分是黏滞剂，它是使溶解下来的原子进行扩散的介质。

4）双喷电解抛光最终减薄。经化学抛光预减薄的薄片可以冲成 ϕ3mm 的小试样，也可以剪成小块试样，然后将其放入双喷电解抛光装置的喷嘴之间进行最终减薄处理。最后得到的是中心带有穿透小孔的薄片试样，将试样清洗干燥即可直接在透射电子显微镜下观察到小孔周围的透明区域。电解抛光的抛光液配方很多，最常用的是 10% 的高氯酸酒精溶液。

1.2.4　X 射线衍射（XRD）分析

XRD 是利用 X 射线在晶体中的衍射现象来分析材料的晶体结构、晶格参数、晶体缺陷

（位错等）、不同组成相的含量及内应力的方法。这种方法是建立在一定晶体结构模型基础上的间接方法，即根据与晶体样品产生衍射后的 X 射线信号的特征去分析计算出样品的晶体结构与晶格参数，并可达到很高的精度。

1. X 射线衍射仪的工作原理

1912 年劳埃等人根据理论预见，并用实验证实了 X 射线与晶体相遇时能发生衍射现象，证明了 X 射线具有电磁波的性质，成为 X 射线衍射学的第一个里程碑。当一束单色 X 射线入射到晶体中时，由于晶体是由原子规则排列的晶胞组成，这些规则排列的原子间的距离与入射 X 射线的波长有相同的数量级，故由不同原子散射的 X 射线相互干涉，在某些特殊方向上产生强 X 射线衍射，衍射线在空间分布的方位和强度与晶体结构密切相关，这就是 X 射线衍射的基本原理，如图 1-25 所示。布拉格方程是 X 射线衍射分析的根本依据，衍射线空间方位与晶体结构的关系可用布拉格方程表示

$$2d\sin\theta = \lambda n \tag{1-12}$$

式中　　d——晶面间距；

　　　　n——反射级数；

　　　　θ——掠射角；

　　　　λ——X 射线的波长。

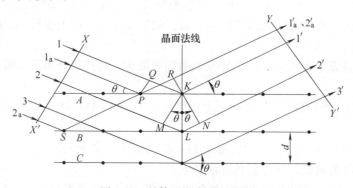

图 1-25　晶体对 X 射线的衍射

2. X 射线衍射仪的结构及性能

X 射线衍射仪结构示意图如图 1-26 所示，其硬件主要由 X 射线光源、测角仪、衍射信号检测系统以及数据处理和打印图谱系统等几部分构成。

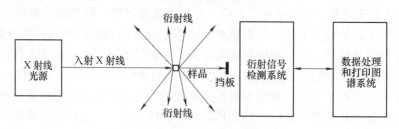

图 1-26　X 射线衍射仪结构示意图

X 射线光源由 X 射线发生器产生，主要由高压控制系统和 X 光管组成。由 X 光管发射出的 X 射线包括连续 X 射线光谱和特征 X 射线光谱，连续 X 射线光谱主要用于判断晶体的

对称性和进行晶体定向的劳埃法，特征 X 射线光谱用于进行晶体结构研究的旋转单体法和进行物相鉴定的粉末法。X 射线管有密闭式和可拆卸式两种，常用的是密闭式，它由阴极灯丝、阳极、聚焦罩等组成，功率大部分为 1~2kW。图 1-27 是目前常用的热电子密封式 X 射线管示意图。可拆卸式 X 射线管又称旋转阳极靶，其功率比密闭式大许多倍，一般为 12~60kW。常用的 X 射线靶材有 W、Ni、Co、Fe、Cu、Cr 等（选择阳极靶的基本要求是尽可能避免靶材产生的特征 X 射线激发样品的荧光辐射，以降低衍射花样的背底，使图谱清晰）。X 射线管的焦点一般为 1~10mm^2，出射角为 3°~6°。

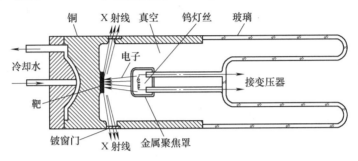

图 1-27　热电子密封式 X 射线管示意图

测角仪是衍射仪的重要组成部分，X 射线源焦点与计数管窗口分别位于测角仪圆周上，样品位于测角仪圆的正中心。在入射光路上，有固定式梭拉狭缝和可调式发射狭缝，在反射光路上有固定式梭拉狭缝、可调式防散射狭缝与接收狭缝。有的衍射仪还在计数管前装有单色器。当给 X 射线管加以高压，产生的 X 射线经由发射狭缝射到样品上时，晶体中与样品表面平行的面网，在符合布拉格条件时即可产生衍射而被计数管接收。当计数管在测角仪圆所在平面内扫射时，样品与计数管以 1:2 的速度连动。因此，在某些角位置能满足布拉格条件的面网所产生的衍射线将被计数管依次记录并转换成电脉冲信号，放大处理后通过记录仪描绘成衍射图。

X 射线衍射信号检测系统中常用的探测器是闪烁计数器（SC），它是利用 X 射线能在某些固体物质（磷光体）中产生波长在可见光范围内的荧光，再将这种荧光转换为能够测量的电流。由于输出的电流和计数器吸收的 X 光子能量成正比，因此可以用于测量衍射峰的强度。

数据处理和打印图谱系统在扫描操作完成后，将衍射原始数据自动存入计算机硬盘中供数据分析处理。数据分析包括平滑点的选择、背底的扣除、自动寻峰、d 值计算，衍射峰强度计算等。

3. X 射线衍射在材料分析中的应用

X 射线衍射花样与物质内部的晶体结构有关。每种结晶物质都有其特定的结构参数（包括晶体结构类型，晶胞大小，晶胞中原子、离子或分子的位置和数目等），因此，不同的结晶物质会给出不同的衍射花样。通过分析待测试样的 X 射线衍射花样，不仅可以知道物质的化学成分，还能知道它们的存在状态，即能知道某种元素是以单质存在或者以化合物、混合物及同素异构体存在。同时，根据 X 射线衍射试验还可以进行结晶物质的定量分析、晶粒大小的测量和晶粒的取向分析。目前，X 射线衍射技术已经广泛应用于各领域的材料分析与研究工作。

（1）物相定性分析　衍射图谱是晶体的"指纹"，不同的物质具有不同的衍射特征峰值（晶面间距和相对强度），可对照 PDF 卡片进行定性分析。在不同的实验条件下可得到一系列基本不变的衍射数据，将得到的衍射数据（或图谱）与标准物质的衍射数据（或图谱）进行比较，若两者能够吻合，则表明样品与该标准物质是同一种物相，从而便可对未知试样做出鉴定。

（2）物相定量分析　物相定量分析是基于待测相的衍射强度正比于该组分存在的量（需做吸收校正者除外），就可对各种组分进行定量分析。目前常用衍射仪得出衍射图谱，用粉末衍射标准联合会（JCPDS）负责编辑出版的粉末衍射卡片（PDF 卡片）进行物相分析。

（3）晶体点阵参数的测定　点阵参数是晶态材料的重要物理参数之一，精确测定点阵参数有助于研究该物质的键合能和键强，计算理论密度、各向异性热胀系数和压缩系数、固溶体的组分和固溶度、宏观残余应力大小，确定相溶解度曲线和相图的相界，研究相变过程，分析材料点阵参数与各种物理性能的关系等。确定点阵参数的主要方法是多晶射线衍射法。X 射线衍射法测定点阵参数是利用精确测得的晶体衍射线峰位角数据，根据布拉格定律和点阵参数与晶面间距 d 之间的关系式计算点阵参数的值，见表 1-5。

表 1-5　d 值与晶面指数（hkl）、晶胞参数之间的关系

晶　系	点阵参数	d 值计算
立方（等轴）	$a=b=c$，$\alpha=\beta=\gamma=90°$	$\dfrac{1}{d_{hkl}^2} = \dfrac{h^2 + k^2 + l^2}{a^2}$
正方（四方）	$a=b\neq c$，$\alpha=\beta=\gamma=90°$	$\dfrac{1}{d_{hkl}^2} = \dfrac{h^2 + k^2}{a^2} + \dfrac{l^2}{c^2}$
正交（斜方）	$a\neq b\neq c$，$\alpha=\beta=\gamma=90°$	$\dfrac{1}{d_{hkl}^2} = \dfrac{h^2}{a^2} + \dfrac{k^2}{b^2} + \dfrac{l^2}{c^2}$
六方（六角）	$a=b\neq c$，$\alpha=\beta=90°$，$\gamma=120°$	$\dfrac{1}{d_{hkl}^2} = \dfrac{4}{3}\dfrac{h^2 + hk + k^2}{a^2} + \dfrac{l^2}{c^2}$

注：点阵参数 a、b、c 为晶胞的三组棱长，α、β、γ 为晶胞三组棱相互间的夹角；（hkl）为晶面指数，是晶面在三个晶轴上的截距 h、k、l 的倒数，用最小公倍数相乘所得最小互质整数；d 为晶面间距；d_{hkl} 为（hkl）晶面的面间距。

（4）微观应力和宏观应力的测定　微观应力是指由于形变、相变、多相物质的膨胀等因素引起的存在于材料内各晶粒之间或晶粒之中的微区应力。当一束 X 射线入射到具有微观应力的样品上时，由于微观区域应力取向不同，各晶粒的晶面间距产生了不同的应变，即在某些晶粒中晶面间距扩张，而在另一些晶粒中晶面间距压缩，结果使衍射线并不像宏观内应力所影响的那样单一地向某一方向位移，而是在各方向上都平均地做了一些位移，总的效应是导致衍射线漫散宽化。材料的微观残余应力是引起衍射线漫散宽化的主要原因，因此，衍射线的半高宽，即衍射线最大强度一半处的宽度是描述微观残余应力的基本参数。在材料部件宏观尺度范围内存在的内应力分布在其各个部分，相互间保持平衡，这种内应力称为宏观应力。宏观应力的存在使部件内部的晶面间距发生改变，所以可以借助 X 射线衍射来测定材料部件中的应力。由布拉格定律可知，在一定波长辐射发生衍射的条件下，晶面间距的变化将导致衍射角的变化，测定衍射角的变化即可算出宏观应变，从而可进一步计算得到应力大小。

（5）结晶度的测定　结晶度是影响材料性能的重要参数。在一些情况下，物质结晶相和非晶相的衍射图谱往往会重叠。结晶度的测定主要是根据结晶相的衍射图谱面积与非晶相图谱面积的比，在测定时必须把晶相、非晶相及背景不相干散射分离开来。结晶度的基本公式为

$$X_c = I_c / (I_c + KI_a) \tag{1-13}$$

式中　X_c——结晶度；

　　　I_c——晶相散射强度；

　　　I_a——非晶相散射强度；

　　　K——单位质量样品中晶相与非晶相散射系数之比。

（6）晶体取向及织构的测定　晶体取向的测定又称为单晶定向，就是找出晶体样品中晶体学取向与样品外坐标系的位向关系。X 射线衍射法不仅可以精确地进行单晶定向，同时还能得到晶体内部微观结构的信息。一般用劳埃法单晶定向，其依据是底片上劳埃斑点转换的极射赤面投影与样品外坐标轴的极射赤面投影之间的位置关系。多晶材料中晶粒取向沿一定方位偏聚的现象称为织构，常见的有丝织构和板织构两种类型。为反映织构的概貌和确定织构指数，可用三种方法描述织构：极图、反极图和三维取向函数，这三种方法适用于不同的情况。对于丝织构，要知道其极图形式，只要求出其丝轴指数即可，衍射仪法可以做到。板织构的极点分布比较复杂，需要用两个指数来表示，且多用衍射仪进行测定。

4. X 射线衍射试样的制备

在衍射仪法中，试样制备上的差异对衍射结果的影响很大。因此，制备符合要求的试样，是衍射仪实验技术中的重要一环，通常制成平板状试样。衍射仪均附有表面平整光滑的玻璃或铝质样品板，板上开有窗孔或不穿透的凹槽，将样品放入其中进行测定。

（1）粉晶样品的制备　将被测试样在玛瑙研钵中研成 5μm 左右的细粉；将适量研磨好的细粉填入凹槽，并用平整光滑的玻璃板将其压紧；将槽外或高出样品板面的多余粉末刮去，重新将样品压平，使样品表面与样品板面一样平齐光滑。

（2）特殊样品的制备　对于金属、陶瓷、玻璃等不易研成粉末的试样，可先将其锯成窗孔大小，磨平一面，再用橡皮泥或石蜡将其固定在窗孔内。对于片状、纤维状或薄膜样品，也可取窗孔大小直接嵌固在窗孔内。注意：固定在窗孔内的样品的平整表面必须与样品板平齐，并对着入射 X 射线。

1.3　金属材料成分分析

金属材料主要包括纯金属、合金、金属间化合物以及特种材料等，其在各个使用领域拥有着不可忽视的地位。化学成分是决定金属材料性能和质量的主要因素，标准中对绝大多数金属材料规定了必须保证的化学成分，有的甚至作为主要的质量、品种指标。对金属材料的成分分析，对全面了解金属材料的性能和内部结构，金属材料的设计研发与发展均具有重大意义：可深入探究金属材料的性能成因，为新型金属材料的研制与设计提供理论依据；有助于金属材料加工方法的选择，实现金属材料性能的最优化；有助于选择合理的热处理方法与设备，改善金属材料的性能，有效消除加工中产生的组织缺陷；有助于提高金属材料的利用率，能够更加经济、安全以及合理地利用金属材料的性能。

金属材料成分分析主要包括对指定组分含量的分析与材质鉴定（材质鉴定能够对材料中主要组分的含量进行定性或定量分析，或者对足以鉴别材料类型的某种或几种成分或元素含量进行分析）。成分分析分为定性分析与定量分析。定性分析主要是确定金属材料的组分种类，而定量分析是在定性分析后进行的，可获得各种组分的分配比例。

随着检测技术的进步及各种复杂金属材料的出现，金属材料成分分析方法也在不断发展，从传统方法到现今多种多样的分析技术，目前应用最广的是化学分析法和光谱分析法。

1.3.1 化学分析法

化学分析法是根据化学反应确定金属材料组成成分的方法。化学分析法分为定性分析和定量分析两种。其中，定性分析可以鉴定出金属材料中所含元素的种类，但不能确定它们的含量；而定量分析可以准确测定各种元素的含量。

定量分析分为质量分析法和容量分析法，质量分析法是采用适当的分离手段，使金属中被测定元素与其他成分分离，然后用称重法测得元素含量；容量分析法（滴定分析法）是用标准溶液（已知浓度的溶液）与金属中的被测元素完全反应，然后根据所消耗标准溶液的体积计算出被测定元素的含量。这里主要介绍滴定分析法。

1. 滴定分析法的工作原理与方法

滴定分析法通常适用于被测组分的质量分数在1%以上的常量组分分析，一般情况下相对平均偏差在0.2%以下，具有操作简单，实用性较强，且所用仪器简单、准确、价格便宜等特点。

（1）滴定原理　滴定分析法是将一种已知准确浓度的标准溶液滴加到被测溶液中进行化学反应，直至所加标准溶液与被测溶液按化学计量定量反应完成为止，最终根据标准溶液消耗的体积以及标准溶液的浓度计算待测物质的成分。这种已知准确浓度的标准溶液称为滴定液，将滴定液从滴定管中加到被测溶液中的过程称为滴定。当加入滴定液中物质的量与被测物质的量按化学计量定量反应完成时，称为反应达到了计量点，也称为等量点或等当点。许多滴定反应在达到化学计量点时，其外观并没有明显的变化，因此在实际滴定操作时，通常会在被测物质的溶液中加入一种辅助试剂，借助其颜色变化标志化学计量点的到达，这种辅助试剂称为指示剂。在滴定过程中，指示剂发生颜色变化的转变点称为滴定终点。一般化学计量点是根据化学反应的计量关系获得的理论值，而滴定终点是实际滴定时的测量值，在实际测定中，因指示剂变色表示的滴定终点与化学计量点不一定恰好符合而造成的分析误差称为终点误差或滴定误差，它的大小取决于化学反应的完全程度和指示剂的选择是否恰当。因此，为了减小终点误差，应选择合适的指示剂，使滴定终点尽可能接近化学计量点。

（2）滴定方法　滴定分析法中常用的滴定方法包括直接滴定法、返滴定法、置换滴定法和间接滴定法，这大大扩展了滴定分析法的应用范围。如果滴定反应完全、速度快、选择性多且有适宜的指示剂确定滴定终点，就可用标准溶液直接滴定被测物质，这种滴定方法称为直接滴定法；对于反应速度慢或反应物难溶于水的，加入等量的标准溶液后，反应不能立即定量完成或没有合适指示剂的滴定反应，可先在被测物质的溶液中加入一定量的过量标准溶液A，待反应完成后，再用另一种标准溶液B滴定剩余的标准溶液A，根据两种标准溶液的浓度和用量，即可求得被测物质的含量，这种滴定方式称为返滴定法或剩余滴定法；对于不按确定的反应方程式（伴有副反应）进行的反应，不能直接滴定被测物质，可先用适当的试剂与被测物质发生反应，将其定量地置换生成另一种可直接滴定的物质，再用标准溶液滴定此类生成物，这种滴定方法称为置换滴定法；当被测物质不能与标准溶液直接反应时，可将试样转换成另一种能和标准溶液作用的物质反应后，再用适当的标准溶液滴定反应产物，这种滴定方式称为间接滴定法。以返滴定法测定固体 $CaCO_3$ 的含量为例，可将一定量的过量 HCl 标准溶液加入盛有固体 $CaCO_3$ 的试管中，加热使 $CaCO_3$ 完全反应溶解，这时 HCl 标准溶液会有剩余，冷却后用 NaOH 标准溶液返滴定剩余的 HCl 标准溶液，直到指示剂显示中和反应完成，然后根据 HCl 与 NaOH 标准溶液的浓度和用量，即可求得 $CaCO_3$ 的含量。

根据标准溶液与被测物质间所发生的化学反应类型不同，滴定分析法可分为酸碱滴定法（又称中和法）、沉淀滴定法、配位滴定法和氧化还原滴定法四大类。

2. 滴定分析仪器的组成及应用范围

（1）滴定分析仪器的组成　滴定分析仪器主要包括滴定管、容量瓶、铁架台、锥形瓶、电子分析天平、移液管和吸量管等。

滴定管分为酸式滴定管与碱式滴定管。酸式滴定管即具塞滴定管如图 1-28a 所示，它的下端有玻璃旋塞开关，用来装酸性、中性与氧化性溶液，不能装碱性溶液，如 NaOH 溶液等。碱性滴定管又称无塞滴定管，如图 1-28b 所示，它的下端有一根橡皮管，中间有一个玻璃珠，用来控制溶液的流速，它可装碱性溶液与非氧化性溶液。

容量瓶是常用的测量所能容纳液体体积的量入式玻璃量器，如图 1-28c 所示，其主要用途是配制准确浓度的标准溶液或定量地稀释溶液。常见规格有 10mL、25mL、50mL、100mL、250mL、500mL、1000mL。

铁架台用于固定滴定管，如图 1-29 所示。对于酸式滴定管，滴定时活塞柄向右，左手从滴定管后向右伸出，拇指在滴定管前，食指及中指在管后，三指平行地轻轻拿住活塞柄；对于碱式滴定管，左手拇指在前，食指在后，捏住橡皮管中玻璃珠的上方，使其与玻璃珠之间形成一条缝隙，溶液即可流出。

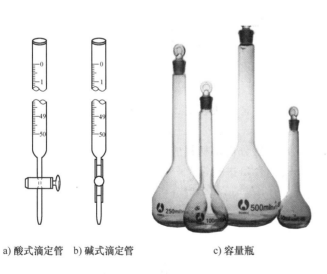

a) 酸式滴定管　b) 碱式滴定管　　　　c) 容量瓶

图 1-28　常用滴定分析仪器

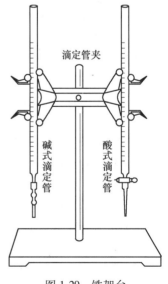

图 1-29　铁架台

滴定在锥形瓶中进行，用右手的拇指、食指和中指拿住锥形瓶，其余两指辅助在下侧，使瓶底距滴定台 2~3cm，滴定管下端深入瓶口内约1cm。电子分析天平用于精确称量待测样品，左手控制滴定速度，边滴加溶液，边用右手摇动锥形瓶，边滴边摇配合好。

移液管是用于准确量取一定体积溶液的量出式玻璃量器。中间膨大部分标有它的容积和标定时的温度，管颈上部刻有一标线，此标线的位置是由放出纯水的体积所决定的。常见的规格有 2mL、5mL、10mL、25mL、50mL、100mL。

吸量管的全称是分度吸量管，是具有分度线的量出式玻璃量器，可以移取不同体积的溶液，它一般只用于量取小体积的溶液，常见的规格有 1mL、2mL、5mL、10mL、25mL。

（2）滴定分析的应用范围　滴定分析是以化学反应为基础的分析方法，在各种类型的化学反应中，并不都能用于滴定分析，适用于滴定分析的化学反应应具备的条件为：反应必须按方程式定量完成，通常要求完成率在 99.9% 以上，这是定量计算的基础；反应能够迅速地完成（有时可加热或用催化剂加速反应）；共存物质不干扰主要反应，或可以采用适当的方法来消除其干扰；有比较简便的方法确定计量点（指示滴定终点）。

滴定方式与方法主要取决于待测物质的性能，要获得平均偏差较小的测定结果，必须尽可能地选取合适的滴定方式与方法。

酸碱滴定法可实现钢铁中氮、硼、磷、碳、硅等元素及其含量的测定；沉淀滴定法利用沉淀反应进行滴定，目前应用较广的是银量法，即在滴定过程中生成难溶的银盐；配位滴定法是利用配位反应进行滴定的，可用于测定 Ca^{2+}、Mg^{2+}、Zn^{2+} 等的含量；氧化还原滴定法是基于电子转移的反应，主要有高锰酸钾法、重铬酸钾法、碘量法、亚铁盐法及其他氧化还原法，应用此法可实现锰、铬、钒、铜、铁、硫、锡、钴等元素含量的测定。

3. 化学分析在材料成分分析中的应用

材料成分分析主要是对未知物及未知成分等进行分析，通过快速确定目标试样中的组成成分来鉴别材料的材质、原材料、助剂、特定成分及其含量、异物等信息。

（1）材质鉴定　材质鉴定是材料成分分析的主要内容之一，它能够对材料中主要组分的含量进行定性或定量分析，或者对足以鉴别材料类型的某种或几种成分或元素含量进行分析。部分材料（如钢材等）的材质鉴定有相关国家标准的规范。材质鉴定集中对材料的主要组成成分进行定性或定量分析，得到的是材料的大致组成，一般不涵盖材料的全部组分。

常规材质鉴定项目有钢材材质鉴定、其他合金材质鉴定、材料主成分定性分析、材料主成分定量分析。

（2）材料指定元素含量分析　指定元素含量分析是材料成分分析的重要组成部分，能够有针对性地对材料中的某种或几种指定元素的含量进行定量分析。因指定元素含量分析的目的性强，其结果一般干扰极小，准确度极高。指定元素含量分析仅对材料中的元素组成情况进行鉴定，而不能提供材料中具体的化合物组分的组成情况，因此一般适用于金属、合金、矿石等主要需求元素含量的分析。

4. 试样制备

化学分析法需要将待测试样配制成溶液，主要方法包括精确配制与粗略配制两种。

精确配制获得待测试样溶液通常是通过电子天平精确称量待测试样，放入烧杯中直接加入适量蒸馏水（去离子水）或其他溶剂使其溶解，然后将该溶液定量转入容量瓶中进行定容，其过程为：加水至容量瓶的 3/4 左右容积时，盖上瓶塞，用右手食指和中指夹住瓶塞的扁头，将容量瓶拿起，同一方向摇动几周，使溶液初步混匀。继续加水至距离标线约 1cm 处后，等待 1~2min，使附在瓶颈内壁上的溶液流下后，再用细而长的滴管滴加水至弯月面下缘与标线相切（无论溶液有无颜色）。然后盖上瓶塞，反复振摇混匀溶液。

1.3.2　光谱分析法

在电磁辐射作用下，材料中某些粒子的能级将发生改变，从而产生吸收、发射或散射、辐射等行为，使电磁辐射的强度随波长而变化。光谱分析就是通过对材料的发射光谱、吸收光谱、荧光光谱等特征光谱进行研究，以鉴别物质结构特征，确定其化学成分和相对含量的方法。这种方法的优点是可以精确、迅速、灵敏地鉴别材料，分析材料的结构，确定化学组成和相对含量，是材料分析过程中对材料进行定性分析的首要步骤。根据分析原理，光谱分析可分为发射光谱分析与吸收光谱分析；根据被测成分的形态，可分为原子光谱分析与分子光谱分析。光谱分析的被测成分是原子的称为原子光谱，被测成分是分子的则称为分子光谱。原子光谱中常用的是原子吸收光谱法（AAS）、原子荧光光谱法（AFS）、原子发射光谱法（AES）、X 射线荧光光谱法（XFS）等；分子光谱中常用的是红外光谱（IR）、紫外光谱（UV-Vis）、核磁共振（NMR），核磁共振中常见的是氢核磁共振（1HNMR）和碳核磁共振（12CNMR）。这里主要介绍原子光谱中的原子吸收光谱法（AAS）。

1. 原子吸收光谱法的工作原理

原子光谱是由原子外层或内层电子能级的变化产生的，它的表现形式为线光谱。原子光谱学是通过原子与离子的相互作用中所伴随的电磁辐射对问题进行研究的，尤其是在这种相互作用中，随着原子中内部电子的重新排列，该辐射被吸收或散射。随着计算机、光纤、激光等高科技尖端技术的发展，传感器、质谱及联用技术等得到发展，促进了原子光谱学及原子光谱分析的迅速发展。

物质分子由原子组成，而原子由一个原子核和核外电子构成。电子按一定的轨道绕核旋转，根据电子轨道离核的距离，有不同的能量级，可分为不同的壳层，而每一壳层所允许的电子数是一定的。当原子处于正常状态时，每个电子趋向占有低能量的能级，这时原子所处的状态叫基态（E_0）。在热能、电能或光能的作用下，原子中的电子吸收一定的能量，处于低能态的电子被激发跃迁到较高的能态，原子此时的状态称为激发态（E_q），原子从基态向激发态跃迁的过程是吸能过程。处于激发态的原子是不稳定的，激发态原子存在的时间约为 10^{-8}s，然后就要返回到基态（E_0）或较低的激发态（E_p），此时，原子释放出多余的能量，辐射出光子束，相应的原子能级跃迁图如图 1-30 所示。

物质的原子都具有特定的原子结构和外层电子排列，因此不同的原子被激发后，其电子具有不同的跃迁，能辐射出具有不同波长的光，即每种元素都有其特征光谱线。在一定的条件下，一种原子的电子可能在多种能态间跃迁，并辐射出具有不同特征波长的光。这些光是一组按次序排列的不同波长的线状光谱，这些谱线可作为鉴别元素的依据，用于对元素做定性分析，而谱线的强度与元素含量成正比，依此可测定元素的含量。

某种元素被激发后，核外电子从基态 E_0 激发到最接近基态的最低激发态 E_1 的过程，称为共振激发。当其又回到 E_0 时，发出的辐射光线即为共振线。基态原子吸收共振线辐射也可以从基态上升至最低激发态，由于各种元素的共振线不相同，并具有一定的特征性，所以仅能在同种元素的一定特征波长中观察到原子吸收。当光源发射的某一特征波长的光通过待测样品的原子蒸气时，原子的外层电子将选择性地吸收其同种元素所发射的特征谱线，使光源发出的入射光减弱。用吸光度 A 表示特征谱线因吸收而减弱的程度，A 与被测试样中待测元素的含量成正比，即基态原子的浓度越大，吸收的光量越多。通过测定吸收的光量，就可以求出试样中待测金属及类金属物质的含量，这就是原子吸收光谱分析法的基本原理。

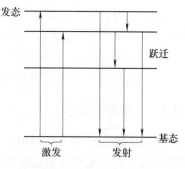

图 1-30　原子能级跃迁图

　　图 1-31 所示为原子吸收光谱法的基本原理，被基态原子吸收后的谱线，经分光系统分光后，由检测器接收，转换为电信号，再经放大器放大，由显示系统显示出吸光度或光谱图。具体方法是通过火焰、石墨炉等将待测元素在高温或化学反应作用下变成原子蒸气，由光源灯辐射出待测元素的特征光谱，在通过待测元素的原子蒸气时发生光谱吸收，透射光的强度与被测元素浓度成反比，在仪器的光路系统中，透射光信号经光栅分光，将待测元素的吸收线与其他谱线分开。经过光电转换器，将光信号转换成电信号，由电路系统放大、处理，再由 CPU 及外部计算机进行分析、计算，最终在屏幕上显示出待测试样中微量及超微量的多种金属和类金属元素的含量和浓度，并由打印机根据用户要求打印报告单。

　　2. 原子吸收光谱仪的结构及主要性能

　　（1）原子吸收光谱仪的结构　原子吸收光谱仪主要由光源、原子化器、光学系统、检测系统、显示装置五个部分构成，其结构如图1-32 所示。

　　1）光源。光源的作用是发射待测元素的特征光谱，供原子化系统吸收和检测系统测量用。为了保证峰值吸收的测量，光源必须能发射出比吸收线宽度更小的线状光谱，并且强度大而稳定，背景低且噪声小，使用寿命长。应用最广泛的光源是空心阴极灯，又称元素灯。

　　2）原子化器。将试样溶液中待测元素的原子变为气态基态原子的过程，称为试样的原子化。仪器中完成试样原子化所用的设备称为原子化器或原子化系统。将试样中被测元素原子化的方法主要有火焰原子化法和非火焰原子

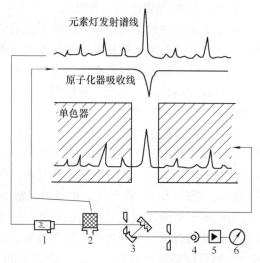

图 1-31　原子吸收光谱法的基本原理

1—元素灯　2—原子化器　3—单色器
4—光电倍增器　5—放大器　6—指示仪表

化法两种。火焰原子化法利用火焰热能使试样转化为气态原子，它包括两个步骤：先将试样溶液变成细小雾滴（即雾化阶段），然后使雾滴接受火焰供给的能量形成基态原子（即原子化阶段）。火焰原子化器的结构如图 1-33 所示。非火焰原子化法是利用电加热或化学还原等方式使试样转化为气态原子，目前常用的电热原子化器是管式石墨管原子化器。原子化系统是原子吸收光谱仪中的关键装置，其性能对原子吸收光谱分析法的灵敏度和准确度有决定性影响，是分析误差的最大来源。

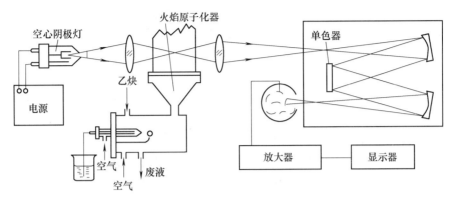

图 1-32 原子吸收光谱仪的结构

3）光学系统。原子吸收光谱仪的光学系统又称单色器，其作用是将待测元素的吸收线与邻近谱线分开，并阻止其他谱线进入检测器，使检测系统只接收共振吸收线。

4）检测系统。检测系统由光电元件和放大器等组成。光电元件一般采用光电倍增管，其作用是将经过原子蒸气吸收和单色器分光后的微弱信号转换为电信号。放大器的作用是将光电倍增管输出的电信号放大后送入显示器。

5）显示装置。放大器放大后的电信号经对数转换器转换成吸光度信号，再采用微安表或检流计直接指示读数（目前的商品仪器基本上不再使用此类显示装置），或用数字显示器显示，或用记录仪进行读数打印。

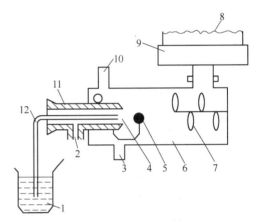

图 1-33 火焰原子化器结构示意图
1—试样溶液 2—空气入口 3—排液口 4—空气补充口
5—撞击球 6—预混合室 7—扰流器 8—火焰
9—燃烧室 10—燃气入口 11—雾化器 12—毛细管

目前，国内外商品化的原子吸收光谱仪几乎都配备了微处理机系统，具有自动调零、曲线校直、浓度直读、标尺扩展、自动增益等功能，并附有记录仪、打印机、自动进样器、阴极射线管荧光屏及计算机等装置，大大提高了仪器的自动化和半自动化程度。

（2）原子吸收光谱仪的性能 原子吸收光谱仪型号繁多，不同型号仪器的性能和应用范围不同。目前配备有微处理机系统的原子吸收光谱仪主要用于测定各种材料中常量和痕量的金属元素，具有全自动化、多功能的特性，可以显示、打印和储存仪器条件、测量数据、标准曲线、原子吸收谱图及数据、浓度分析报告。

3. 光谱分析在材料成分分析中的应用

（1）定性分析 光谱分析法是利用待测试样各元素的原子或离子所发射的线状光谱实现其成分分析的，因为各元素原子或离子均有自己的一系列波长所组成的特征光谱。从光谱中辨认并确定各元素的特征谱线中的一些灵敏线，从而确定各元素的种类，实现对材料组分的鉴定。

（2）定量分析 特征谱线的强度是由发射该谱线的光子数目决定的，光子数目多则强度大，反之则弱。光子的数目是由处于基态的原子数目决定的，而基态原子数目又取决于某元素的含量，所以根据谱线强度就可以得到某元素的含量，即实现材料组分的定量分析。

4. 试样制备

原子吸收光谱法在检测某种元素的含量时，通常以液体状态进行。应对固体试样进行溶解、灰化或湿法消解处理，使待测元素以可溶盐的形式进入溶液中，然后将溶液吸入仪器进行火焰原子化或石墨炉原子化，测定出溶液中待测元素的浓度，从而得到该元素的含量。

对于无机物试样，可采用溶解的方法获得。用去离子水溶解该无机物，若不溶可选用稀酸、浓酸或混合酸溶解。常用的酸有 HCl、HNO_3、$HClO_4$、H_2SO_4 和 HF。一般 Cu、Pb、Zn、Sb、Cd 等易溶元素可用 HCl 和 HNO_3 溶解；Fe、Co、Ni、Mn、Cr、Ag、Ti 等用 HCl、HNO_3、$HClO_4$ 和 HF 溶解，必要时可加 H_2SO_4；用王水溶解 Au；用 H_2SO_4 和 H_3PO_4 混合酸可溶解合金试样；加入 HF 可溶解硅酸盐样品。对于不溶于酸或难以完全溶解的元素成分（如 Sn、Mo、W 等），可用碱性熔融剂（如 Na_2O_2、$NaOH$、Na_2CO_3 等）进行高温碱熔处理，再用去离子水或酸溶液进行浸取。含硫较高的矿种应先加盐酸加热使其完全溶解（时间稍长），再加 HNO_3 或其他酸进一步溶解。对于在盐酸中易沉淀的待测元素，如 Ag 和含量较高的 Pb，应使用 HNO_3 做介质，溶液澄清后应在短时间内完成测定。

对于有机物试样，因为待测元素含在有机物基体中，只加入酸难以将有机物基体除去，此时可采用干法灰化除去有机物基体而保留待测金属元素。此法是将样品置于铂或石英坩埚中，先在 80~150℃ 的低温下加热，去除所含水分及气体等，再于 400~600℃ 的高温下灼烧灰化，经空气氧化将有机物炭化分解成 CO_2 和 H_2O 而挥散。冷却后按上述方法用酸溶解灰分残渣，定溶后待测备用。由于要经过高温灼烧，因此这种方法不适用于易挥发元素 Hg、Pb、As、Sb、Sn 等的测定。对于含易挥发待测元素的有机物试样可采用湿式消解法，即在待测试样中加入混合酸并加热使其分解。常用的混合酸包括 $HCl+HNO_3$，HNO_3+HClO_4，$HNO_3+H_2SO_4$ 等，在加热氧化条件下分解试样，能使有机物基体挥散，从而使待测元素从样品中分离进入溶液。

1.3.3 钢铁材料中碳含量的分析方法

钢铁材料具有资源丰富、生产规模大、易于加工、性能多样可靠、价格低廉、使用方便、便于回收等特点，在工业生产及生活中应用广泛。钢是碳的质量分数为 0.02%~2.11% 的铁碳合金，碳是钢的主要成分，其含量直接影响着钢材的性能，为了保证钢材的韧性和塑性，碳的质量分数一般不超过 1.7%。碳含量是区分铁与钢，决定钢号、品级的主要标志，按照化学成分可将钢材分为碳素钢和合金钢，其中，碳素钢按碳含量不同又可分为低碳钢（$w_C \leq 0.25\%$）、中碳钢（$w_C \leq 0.25\% \sim 0.6\%$）和高碳钢（$w_C \geq 0.6\%$），合金钢按合金元素含量不同可分为低合金钢（$w_{合金} \leq 5\%$）、中合金钢（$w_{合金} = 5\% \sim 10\%$）和高合金钢（$w_{合金} > 10\%$）。通常随着碳含量的增加，钢铁的硬度和强度均会增加，而其韧性和塑性却变差。因此，碳含量的测定有着非常重要的意义。

测定钢材中碳含量的主要方法包括红外吸收法、气体容量法和非水滴定法。红外吸收法配置的高温炉有高频炉、电弧炉和管式炉三种，其中高频炉应用最为广泛。

1. 红外吸收法（高频炉）

（1）工作原理　高频炉具有加热快、温度高、操作简单等特点，是目前应用最广泛的高温炉，用于测定碳元素的高频炉，其输出功率通常为 2kW 左右。红外吸收法分析不消耗化学试剂，没有与化学反应相关的冗长繁琐的操作，人为因素少，误差小。高频炉红外吸收法具有高效、低耗、干净等特点。

红外吸收法是利用 CO_2 对红外线的选择性吸收原理实现的。红外线是波长为 $0.78 \sim 1000\mu m$ 的电磁波，分为三个区域：近红外区波长为 $0.78 \sim 2.5\mu m$，中红外区波长为 $2.5 \sim 25\mu m$，远红外区波长为 $25 \sim 1000\mu m$。绝大部分的红外仪器工作在中红外区。CO_2 对红外线能产生选择性吸收，其最大吸收率位于 $4.26\mu m$ 波长处。CO_2 对红外线的吸收同样服从光的吸收定律，即朗伯-比耳定律

$$T = I/I_0 \tag{1-14}$$

$$\lg I_0/I = KCl \tag{1-15}$$

式中　T——透射比；

　　　I_0——入射光强度；

　　　I——透射光强度；

　　　K——吸收系数；

　　　C——CO_2 浓度；

　　　l——气体光径长度。

测定碳含量时，先在电子天平上称得试样的质量并输入计算机，然后在存在助熔剂和富氧条件下，由高频炉高温加热使试样燃烧，其中的碳氧化成 CO_2 气体，该气体经处理后进入相应的吸收池，对相应的红外辐射进行吸收，再由探测器转化成对应的电信号。电信号经采样及转换，由计算机经线性校正后转换成与 CO_2 浓度成正比的数值，然后把整个分析过程的取值累加。分析结束后，在计算机中用此累加值除以质量，再乘以校正系数，即可获得样品中的碳含量。

（2）高频红外碳分析仪的结构　高频红外碳分析仪一般由提取单元、净化单元、检测单元和数据处理单元四部分以及外加附属气路构成，如图 1-34 所示。提取单元就是把试样中的被测组分碳转变成检测器能够检测的形式。对试样进行高频感应加热，使其在氧气气氛中熔融燃烧，试样中的碳转化为 CO_2 和 CO。净化单元用于氧气及燃烧气的净化。检测单元就是把被测组分的浓度转换成后续数据处理单元（即红外吸收池）能够处理的信号。数据处理单元使用采集卡从检测单元采集被测组分的有效电信号，将其转换成数字信号送到计算机中进行数据处理，计算出被测组分的含量。

2. 气体容量法

气体容量法是目前国内外广泛采用的标准方法，其成本低，有较高的准确度，测得结果是总碳量的绝对值。其缺点是要求操作者有较熟练的操作技巧，分析时间较长，对低碳试样的测定误差较大。该方法适用于碳素钢、低合金钢、硅钢和纯铁中范围为 $0.05\% \sim 2.0\%$ 的碳的质量分数的测定。

（1）工作原理　将试样置于管式燃烧炉中加热并通入氧气，使其燃烧，生成的 CO_2 等混合气体经除硫后收集于量气管中，然后用 KOH 溶液吸收其中的 CO_2，吸收前后的体积差即为 CO_2 的体积，从而计算出碳的质量分数。其具体过程为：

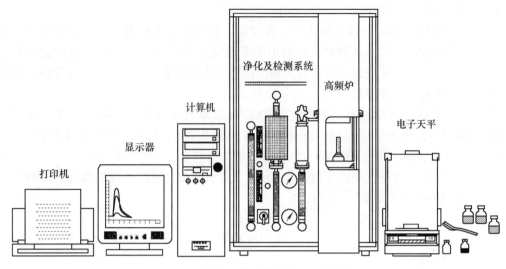

图 1-34　高频红外碳分析仪的基本结构

1）钢铁试样在 1200~1300℃ 的高温氧气气流中燃烧，其中的碳被氧化生成 CO_2，其中的碳化物及硫化物与氧发生以下反应：

$$C + O_2 \xhookrightarrow{} CO_2$$
$$4Fe_3C + 13O_2 \xhookrightarrow{} 4CO_2 + 6Fe_2O_3$$
$$2Mn_3C + 3O_2 \xhookrightarrow{} 2CO_2 + 2Mn_3O$$
$$3FeS + 5O_2 \xhookrightarrow{} Fe_3O_4 + 3SO_2$$
$$3MnS + 5O_2 \xhookrightarrow{} Mn_3O_4 + 3SO_2$$

2）燃烧气体脱除 SO_2 后收集在量气管中，然后以碱性溶液吸收 CO_2，得到吸收前后的体积差，由此计算出试样中碳的含量。具体方法是将生成的 CO_2 与过剩的 O_2 经导管引入量气管，测定容积，然后通过装有 KOH 溶液的吸收器，吸收其中的 CO_2，反应式为

$$CO_2 + 2KOH \xhookrightarrow{} K_2CO_3 + H_2O$$

剩余的 O_2 再返回量气管中。值得注意的是，如果生成的 SO_2 在吸收前未能完全除去，同样会被 KOH 溶液吸收，从而干扰碳含量的测定。常用 MnO_2、$AgVO_3$ 除去混合气体中的 SO_2。

碳的质量分数的计算公式为

$$w_C = \frac{AXk}{m}f \times 100\% \tag{1-16}$$

式中　A——16 ℃、101.3kPa 条件下，单位体积所含碳的质量（g/mL），用酸性水溶液做封闭液时，A 为 0.0005000g/mL，用氯化钠酸性溶液做封闭液时，A 为 0.0005022g/mL；

　　　X——标尺读数，碳的质量分数（%）；

　　　m——试样的质量；

　　　f——温度、气压校正系数，采用不同封闭液时，其值不同；

　　　k——标尺读数换算成 CO_2 体积的系数，通常 $k = 20$。

（2）气体容量法定碳装置　气体容量法定碳装置如图 1-35 所示，主要由洗气瓶、干燥塔、高温管式炉、温度控制器、球形干燥器、除硫管、瓷舟、量气管、吸收器等构成。

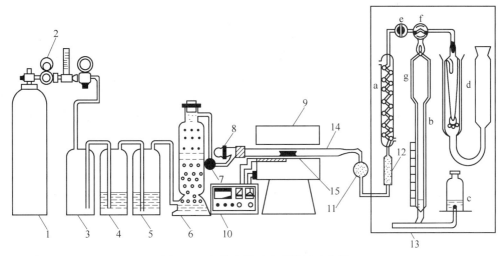

图 1-35　气体容量法定碳装置示意图

1—氧气瓶　2—氧气表　3—缓冲瓶　4、5—洗气瓶　6—干燥塔　7—供氧活塞　8—玻璃磨口塞
9—高温管式炉　10—温度控制器　11—球形干燥器　12—除硫管　13—容量定碳仪（包括冷凝管 a、
量气管 b、水准瓶 c、吸收器 d、小活塞 e、三通活塞 f 和温度计 g）　14—瓷管　15—瓷舟

气体容量法测定碳含量的操作步骤：称取 1g 试样平铺于经高温灼烧过的瓷舟中，加入适当助熔剂覆盖试样（试样称取量及助熔剂加入量见表 1-6），用长镍铬丝小钩将瓷舟推入管内温度最高处，用橡皮塞将燃烧管塞紧，预热 1min；然后通氧燃烧并同时转动三通活塞，使冷凝管和量气管相通（通氧速度为 2L/min），将水准瓶缓慢下移，待试样燃烧完毕后，将水准瓶立即收到标尺的零点位置；当酸性 NaCl 溶液液面下降到接近标尺的零点时，迅速打开胶塞，停止通氧，液面对准零点；转动三通活塞使量气管与吸收器相通，将水准瓶置于高位，把量气管内的气体全部压入吸收器中，再下降水准瓶，调节吸收器内液面，使其对准预先标记的标线，此时水准瓶与量气管的液面也相平衡，读取量气管上的刻度、温度和气压；转动三通活塞，使量气管与大气相通，提升水准瓶使量气管内充满溶液，将水准瓶放至高处，随即关闭三通活塞；用量气管读数乘以校正系数，即可得出试样中碳的质量分数。

表 1-6　试样称取量及助熔剂加入量

碳的质量分数（%）	试样称取量/g	助熔剂加入量/g	
		锡粒	铜丝或氧化铜
0.050~0.50	1.0~2.0		
0.50~1.0	1.0	0.25~0.5	0.25~0.5
1.0~2.0	0.5		

值得注意的是，碳的质量分数在 0.50% 以下的试样称 1~2g；碳的质量分数为 0.51%~1.00% 的试样称 1g；碳的质量分数为 1.01%~2.00% 的试样称 0.5g；生铁试样一般称 0.25g；高碳铬铁和高碳锰铁试样称 0.1g。

3. 非水滴定法

非水滴定法的适用范围广，测试结果准确，操作维修方便，且滴定仪结构简单。本方法适用于合金工具钢和高速工具钢中范围为 0.25%~2.5% 的碳的质量分数的测定。

（1）工作原理　将试样置于高温氧气流中进行燃烧，碳完全氧化为 CO_2，除硫后，用 KOH 非水标准滴定溶液吸收 CO_2，并用该溶液进行滴定，以此计算出碳的质量分数。其燃烧与吸收过程与容量法类似，滴定过程与方式参考滴定分析法。

KOH 非水标准滴定溶液的配制方法：称取 0.84g 固体 KOH，溶于 400mL 甲醇中，溶解完成后加入 600mL 丙酮，并加入 0.2g 百里酚蓝作为指示剂，充分混匀后，储存于上口装有碱石灰管的下口瓶中，以防空气中的 CO_2 进入溶液。KOH 非水标准滴定溶液的标定方法为：称取 0.0593g 经 105℃烘干的 $BaCO_3$ 置于瓷舟中，加入适量的助熔剂充分燃烧，用 KOH 非水标准溶液吸收 CO_2 并进行滴定，记下滴定消耗的 KOH 非水溶液的体积，则 KOH 非水滴定标准溶液的浓度按式（1-17）计算

$$C = \frac{m \times 0.06086}{V} \tag{1-17}$$

式中　C——KOH 非水标准溶液的浓度，即单位体积 KOH 非水标准滴定溶液相当于碳的质量（g/mL）；

　　　m——称取的 $BaCO_3$ 质量（g）；

　　　V——消耗的 KOH 非水标准滴定溶液的体积（mL）；

0.06086——$BaCO_3$ 换算为碳的系数。

用上述方法配制并标定好的 KOH 非水标准溶液测定试样时，碳的质量分数按式（1-18）计算

$$w_C = \frac{CV}{m} \times 100\% \tag{1-18}$$

式中　w_C——碳的质量分数（%）；

　　　C——KOH 非水标准滴定溶液的浓度（g/mL）；

　　　V——滴定试样消耗的 KOH 非水标准滴定溶液的体积（mL）；

　　　m——试样的质量（g）。

（2）非水滴定法定碳装置　非水滴定法定碳装置结构示意图如图 1-36 所示。装置中的氧气净化和高温炉部分同气体容量法，滴定仪主要由滴定台、滴定管、碳吸收杯、除硫瓶、软质塑料瓶等部件组成。自动滴定管内装 KOH 非水滴定溶液，除硫瓶接来自高温管式炉燃烧试样产生的含 CO_2 的气体，吸收杯接室外排气管。

非水滴定法测定碳含量的操作步骤：管式炉预先升温至 1300℃ 左右，在吸收杯中，由滴定管放进 KOH 非水标准溶液约 20mL，称取试样与助熔剂，并将其置于在高温氧气流中灼烧过的瓷舟中，推入瓷管高温区，塞上胶塞，预热 60s，然后以约 1000mL/min 的速度通氧，当吸收器挡板下面的溶液开始变黄时，立即用 KOH 非水标准滴定溶液，滴定至整个溶液由苹果绿色变为原

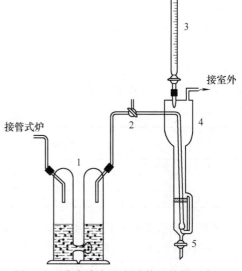

图 1-36　非水滴定法定碳装置结构示意图
1—除硫瓶　2—三通活塞　3—自动滴定管
4—吸收杯　5—二通活塞（排废液用）

来的浅蓝色时终止。记下所消耗的 KOH 非水标准滴定溶液的体积（mL）。停止通氧，打开胶塞，钩出瓷舟，将吸收器中多余的溶液放出，使吸收器中的溶液保持高于挡板 2~3cm 为宜。最后按式（1-18）计算出试样中碳的质量分数。

第2章　工程材料基础实验

2.1　实验一　材料硬度测试

2.1.1　实验目的

1）了解材料各种硬度测试方法的试验原理、适用范围。

2）掌握布氏硬度计、洛氏硬度计、维氏硬度计的主要结构及操作方法。

3）简单了解材料硬度与成分及热处理状态的关系。

2.1.2　实验设备及试样

1）设备：布氏硬度计、洛氏硬度计、维氏硬度计、读数显微镜。

2）试样：45钢（退火状态）、T12钢（退火状态）、45钢（淬火状态）。

2.1.3　实验概述

硬度是衡量材料软硬程度的一种性能指标，表示材料表面抵抗塑性变形的能力，硬度值越高，表明材料抵抗塑性变形的能力越大，材料产生塑性变形越困难。硬度测试方法很多，机械工业中广泛采用压入法测试硬度，主要有布氏硬度、洛氏硬度、维氏硬度等。第1章已经介绍了硬度测试的原理及应用范围，在此不再赘述。

硬度测试简单、快捷，可对零件直接进行检验，且为非破坏性试验。另外，硬度值与材料的其他性能（如强度、耐磨性等）有一定的联系，通常硬度值越高，这些性能就越好。例如，金属的硬度与强度指标之间存在近似关系：$R_m = K \times HBW \times 10MPa$，不同材料的 K 值不同。钢的硬度与强度换算表见附录A。因此从某种意义上说，硬度值对材料的使用性能及零件寿命具有决定作用，故硬度试验被广泛用于生产和科研领域。

1. 布氏硬度测试及硬度计操作

用一定大小的载荷 F，把直径为 D 的硬质合金球压入被测金属表面，保持一定时间后卸除载荷，金属压痕的表面积除载荷所得的商即为布氏硬度值，用 HBW 表示。试验时只要测出压痕直径 d，即可通过查附录D得出 HBW 值（一般不标出单位）。进行布氏硬度试验时，需要根据工件的大小、厚度采用不同的载荷和不同直径的硬质合金球。对同种材料采用不同的载荷 F 及不同直径 D 的硬质合金球进行试验时，需要满足 F/D^2 为常数，以保证同一种材料测得的布氏硬度值相同。国家标准规定的布氏硬度试验规范见表2-1。

布氏硬度压痕面积大，能测出试样较大范围内的性能，不受微区组织的影响，特别适合测试灰铸铁、轴承合金和具有粗大晶粒的金属材料的硬度；其数据稳定，重复性好，而且布氏硬度值和抗拉强度之间存在换算关系，见附录A。布氏硬度受压头的限制，不能测试硬度大于450HBW的金属材料，否则压头会发生塑性变形而使测量精度下降；由于压痕较大，不适用于成品及薄片金属硬度的测试。通常用于测试铸铁、有色金属、低合金结构钢等原材料及结构钢调质件的硬度。

表 2-1　金属布氏硬度试验规范

金 属 种 类		布氏硬度值范围 HBW	试样厚度/mm	$0.102F/D^2$	压头直径 D/mm	载荷 F /N(kgf)	试验力保持时间/s
钢铁材料	退火、正火、调质状态的中碳钢和高碳钢，灰铸铁等	≥140	3~6 2~4 <2	30	10.0 5.0 2.5	29420（3000） 7355（750） 1839（187.5）	12
	退火状态的低碳钢、工业纯铁等	<140	>6 3~6	10	10.0 5.0	9807（1000） 2452（250）	12
有色金属	特殊青铜、钛及钛合金等	≥200	3~6 2~4 <2	30	10.0 5.0 2.5	2942（3000） 7355（750） 1839（187.5）	30
	铜、黄铜、青铜、镁合金等	35~200	3~9 3~6	10	10.0 5.0	9807（1000） 2452（250）	30
	铝及轴承合金等	<35	>6	2.5	10.0	2452（250）	60

注：布氏硬度试验后压痕直径应在 $0.25D<d<0.6D$ 范围内，否则试验结果无效。

常见的布氏硬度计有液压式和机械式两大类。图 2-1 所示为机械式 HB-3000 型布氏硬度计的结构。其操作规程如下：

1）将试样放在工作台上，沿顺时针方向转动手轮，使压头压向试样表面，直至手轮对下面的螺母产生相对运动。

2）按动加载按钮，起动电动机，即开始加载荷。此时因压紧螺钉已拧松，圆盘即时间定位器并不转动，当红色指示灯闪亮时，迅速拧紧压紧螺钉，使圆盘转动。达到所要求的持续时间后，转动即自动停止。

3）沿逆时针方向转动手轮降下工作台，取下试样，用读数显微镜测出压痕直径 d，根据此值查表即可得到 HBW 值。

2. 洛氏硬度测试及硬度计操作

洛氏硬度试验的压头采用圆锥角为 120°的金刚石圆锥或直径为 1.588mm（1/16in）的钢球。分两次施加载荷，先加初载荷，然后加主载荷，再卸除主载荷。压头受主载荷作用压入深度为 h，用 h 值的大小来衡量材料的硬度。硬度值直接由表盘读数。

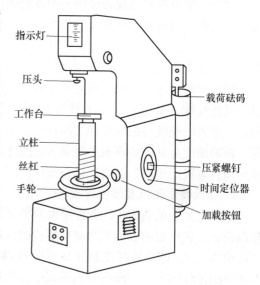

图 2-1　HB-3000 型布氏硬度计

对于硬度不同的材料，其洛氏硬度试验采用不同的压头和总载荷，常用 HRA、HRB、HRC 三种标尺。三种常用标尺所对应的压头形式、载荷大小及适用范围见表 2-2。

表 2-2　洛氏硬度试验规范

标尺	压　头	总载荷 $F_总$ /kgf（N）	表盘上刻度颜色	硬度值有效范围	应 用 举 例
HRA	120°金刚石圆锥体	60（588.4）	黑线	60～88	硬质合金、表面淬火钢、渗碳钢等
HRB	$\phi 1.588$mm 淬火钢球	100（980.7）	红线	20～100	有色金属、退火钢、正火钢
HRC	120°金刚石圆锥体	150（1471.1）	黑线	20～70	淬火钢，调质钢等

洛氏硬度试验可由硬度计表盘直接读出硬度值，操作简单迅速，适用于成批零部件的检验；采用不同形式的压头，可测量的材料范围较广；由于压痕小，代表性差，数据分散，故精确度没有布氏硬度高。钢铁材料的各种硬度值之间的换算关系参考附录 A。

HR-150 型洛氏硬度计的结构如图 2-2 所示，其操作规程如下：

1）根据试样预期硬度按表 2-2 确定压头和载荷，并装入试验机。

2）将符合要求的试样放置在工作台上，沿顺时针方向转动手轮，使试样与压头缓慢接触，直至表盘小指针指到"0"，此时即已预加载荷10kgf。然后将表盘大指针调整至零点（HBA、HRC 零点为 0，HRB 零点为 30）。

3）按动按钮，平稳地加上主载荷。当表盘中的大指针反向旋转若干格并停止时，持续 3～4s，再沿顺时针方向旋转手柄，直至自锁，即卸除主载荷。此时大指针退回若干格，这说明弹性变形得到恢复，指针所指位置反映了压痕的实际深度。可直接在表盘上读出洛氏硬度值，HRA、HRC 读外圈黑刻线，HRB 读内圈红刻线。

4）沿逆时针方向旋转手轮，取出试样，测试完毕。

2.1.4　实验内容

1）了解布氏硬度和洛氏硬度试验机的结构及操作规程。

2）测试 45 钢、T12 钢退火试样的布氏硬度。

3）测试 45 钢淬火试样的洛氏硬度。

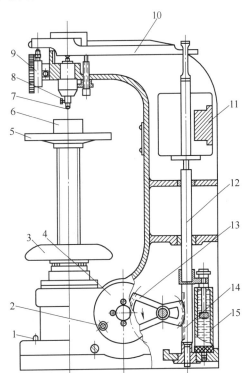

图 2-2　HR-150 型洛氏硬度计
1—按钮　2—手柄　3—手轮　4—转盘
5—工作台　6—试样　7—压头　8—压轴
9—指示器表盘　10—杠杆　11—砝码　12—顶杆
13—扇齿轮　14—齿条　15—缓冲器

注意：测试硬度前应用砂纸粗磨试样，使试样表面平整光滑，不得有氧化皮或油污；布氏硬度测两次，取平均值，压痕中心与试样边缘或相邻压痕之间的距离应不小于压痕直径的 2.5 倍；洛氏硬度测三次，取平均值，压痕中心与边缘或相邻压痕之间的距离应不小于 3mm。

2.1.5 实验报告要求

1）写出实验目的。

2）将试验数据整理后填入表 2-3 和表 2-4。

表 2-3　布氏硬度试验数据

项目 试验材料 及处理状态	试验规范				实验结果				平均硬度值 HBW
	钢球直径 D/mm	载荷 F/N	F/D^2	载荷停 留时间 /s	第一次		第二次		
					压痕直径 d/mm	硬度值 HBW	压痕直径 d/mm	硬度值 HBW	
45 钢退火									
T12 钢退火									

表 2-4　洛氏硬度试验数据

项目 试验材料 及处理状态	试验规范			实验结果			平均硬 度值	换算成布氏 硬度值 HBW
	压头	总载荷 F /N	硬度标尺	第一次	第二次	第三次		
45 钢淬火								

3）简答：金属材料常用的硬度测试方法有哪几种？说明各自的特点及应用范围。

4）分析比较 45 钢退火与 T12 钢退火试样的硬度，说明钢中含碳量对其硬度的影响。

5）分析比较 45 钢退火与 45 钢淬火试样的硬度，说明钢的热处理方式对其硬度的影响。

2.2　实验二　铁碳合金平衡组织观察分析

2.2.1 实验目的

1）观察、分析铁碳合金在平衡状态下的显微组织。

2）分析含碳量对铁碳合金组织的影响，理解铁碳合金成分、组织、性能之间的关系。

2.2.2 实验设备及试样

1）设备：金相显微镜。

2）试样：八种材料的金相试样，见表 2-5。

表 2-5　铁碳合金试样

序号	试样材料	状态	浸蚀剂	室温下的显微组织
1	工业纯铁	退火	4%硝酸酒精溶液	铁素体（F）
2	20 钢	退火	4%硝酸酒精溶液	铁素体（F）+珠光体（P）
3	45 钢	退火	4%硝酸酒精溶液	铁素体（F）+珠光体（P）
4	T8 钢	退火	4%硝酸酒精溶液	珠光体（P）

（续）

序号	试样材料	状态	浸蚀剂	室温下的显微组织
5	T12 钢	退火	4%硝酸酒精溶液	珠光体（P）+二次渗碳体（Fe₃C$_{\rm II}$）
6	亚共晶白口铁	铸态	4%硝酸酒精溶液	珠光体（P）+二次渗碳体（Fe₃C$_{\rm II}$）+低温莱氏体（Ld′）
7	共晶白口铁	铸态	4%硝酸酒精溶液	低温莱氏体（Ld′）
8	过共晶白口铁	铸态	4%硝酸酒精溶液	低温莱氏体（Ld′）+一次渗碳体（Fe₃C$_{\rm I}$）

2.2.3　实验概述

平衡组织是指合金在极其缓慢的速度下冷却（如退火）得到的组织。铁碳合金的平衡组织可根据 $Fe\text{-}Fe_3C$ 相图来分析。从相图可知，室温下铁碳合金的平衡组织均由铁素体（F）和渗碳体（Fe_3C）两种基本相组成，但随着含碳量的变化，这两种基本相的相对量、形态、分布都要发生变化，由此形成了铁素体（F）、渗碳体（Fe_3C）、珠光体（P）、莱氏体（L′d）四种室温组织组成物，它们具有不同的组织形态。

1. 铁碳合金室温平衡组织中基本组成物的显微组织特征

（1）铁素体（F）　铁素体是碳溶解于 $\alpha\text{-}Fe$ 中形成的间隙固溶体，室温时溶碳量极少。碳的质量分数小于 0.02%的工业纯铁的组织即为铁素体，用 4%硝酸酒精溶液浸蚀后，在显微镜下呈白色晶粒，如图 2-3a 所示。随着钢中含碳量的增加，铁素体的相对量减少，形态也发生变化，当碳的质量分数较低，如 $w_C = 0.2\%$ 时，铁素体呈块状分布，如图 2-3b 所示；当碳的质量分数较高，如 $w_C = 0.65\%$ 时，铁素体沿晶界呈网状分布，如图 2-3c 所示。

 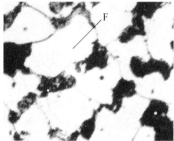 

a) $w_C < 0.02\%$ 的工业纯铁中的 F　　b) $w_C = 0.2\%$ 的碳钢中的 F　　c) $w_C = 0.65\%$ 的碳钢中的 F

图 2-3　含碳量不同的铁碳合金中铁素体（F）的显微组织形态

（2）渗碳体（Fe_3C）　渗碳体是铁与碳形成的具有复杂结构的间隙化合物，碳的质量分数为 6.69%，经 4%硝酸酒精溶液浸蚀后，呈白亮色。渗碳体在钢中可呈片状、网状、板条状等，经球化退火后也可呈球状。当碳的质量分数较高，如 $w_C > 4.3\%$ 的白口铸铁中一次渗碳体（$Fe_3C_{\rm I}$）是直接由液态金属结晶得到的，呈粗大片状，如图 2-4a 所示；$w_C > 0.77\%$ 的过共析钢中二次渗碳体（$Fe_3C_{\rm II}$）是由奥氏体中析出的，一般呈网状分布于奥氏体晶界上，发生共析转变后呈网状分布于珠光体边界上，如图 2-4b 所示；三次渗碳体（$Fe_3C_{\rm III}$）由铁素体中析出，呈不连续片状分布于铁素体晶界处，由于数量极少，难以分辨，故一般忽略不计。

（3）珠光体（P）　珠光体是铁素体和渗碳体层片相间的混合物。经 4%硝酸酒精溶液

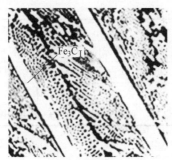
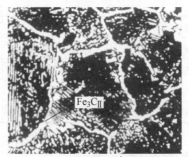

a) w_C=5.0% 白口铸铁中的 Fe_3C_I b) w_C=1.2% 钢中的 Fe_3C_{II}

图 2-4　铁碳合金中渗碳体 Fe_3C 的形态

浸蚀后，铁素体和渗碳体均呈白色，二者的边界呈黑色，如图 2-5 所示。当显微镜的放大倍数较低时，只能看到白色的铁素体相和代表渗碳体的一条条黑线；若显微镜放大的倍数更低，则难以分辨铁素体和渗碳体，只能观察到黑色块状组织；当放大倍数足够高时，可以看到珠光体中平行相间的铁素体和渗碳体（均呈白色），其边界呈黑色。

（4）莱氏体（L′d）　室温下的低温莱氏体是珠光体和渗碳体的机械混合物，如图 2-6 所示。其中白色基体为渗碳体（包括二次渗碳体和共晶渗碳体），黑色点状（块、条状）物为珠光体。

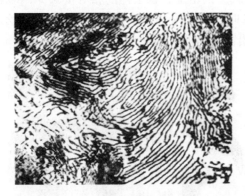

图 2-5　珠光体的组织形态　　　　　　　　图 2-6　莱氏体的组织形态

2. 铁碳合金的平衡组织

根据含碳量不同，可以将铁碳合金划分为工业纯铁、碳钢和白口铸铁三大类。其室温平衡组织由铁素体（F）、渗碳体（Fe_3C）、珠光体（P）、莱氏体（L′d）四种室温组织组成物组成，但含碳量不同，组织组成物也不同，见表 2-6。

表 2-6　室温下铁碳合金的平衡组织

合金分类		碳的质量分数（%）	显 微 组 织
工业纯铁		<0.0218	铁素体（F）
碳钢	亚共析钢	0.0218~0.77	铁素体（F）+珠光体（P）
	共析钢	0.77	珠光体（P）
	过共析钢	0.77~2.11	珠光体（P）+二次渗碳体（Fe_3C_{II}）

（续）

合金分类		碳的质量分数（%）	显微组织
白口铸铁	亚共晶白口铸铁	2.11~4.3	珠光体（P）+二次渗碳体（Fe₃C₍Ⅱ₎）+低温莱氏体（L′d）
	共晶白口铸铁	4.3	低温莱氏体（L′d）
	过共晶白口铸铁	4.3~6.69	一次渗碳体（Fe₃C₍Ⅰ₎）+低温莱氏体（L′d）

（1）工业纯铁　室温时的平衡组织为白色块状铁素体（F），如图 2-7 所示。

（2）亚共析钢　室温时的平衡组织为铁素体（F）+珠光体（P），如图 2-8 所示。F 呈白色块状，P 在放大倍数不高时呈黑色块状，在放大倍数较高时呈层片状。含碳量越高的钢，珠光体的量越多，铁素体的量越少，且随着含碳量的增加，白色块状的铁素体将由较圆整（图 2-8a）变为不规则（图 2-8b），再变为白色网状（图 2-8c）。

（3）共析钢　共析钢室温时的平衡组织是珠光体（P），其组成相是 F+Fe₃C，两相相间分布，呈指纹状，如图 2-9 所示。

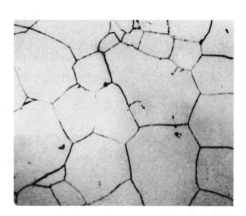

图 2-7　工业纯铁（w_C<0.02%）室温时的平衡组织

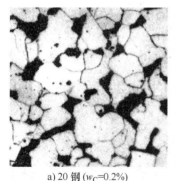
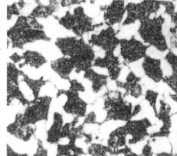
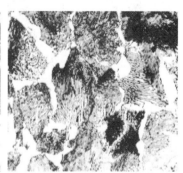

a) 20 钢 (w_C=0.2%)　　b) 45 钢 (w_C=0.45%)　　c) 60 钢 (w_C=0.65%)

图 2-8　亚共析钢室温时的平衡组织

（4）过共析钢　过共析钢室温时的平衡组织为 Fe₃C₍Ⅱ₎+P。在显微镜下，Fe₃C₍Ⅱ₎呈白色网状分布在层片状 P 周围，如图 2-10 所示。

（5）亚共晶白口铸铁　亚共晶白口铸铁在室温时的平衡组织为 P+Fe₃C₍Ⅱ₎+L′d。白色网状 Fe₃C₍Ⅱ₎分布在黑色粗大块状 P 周围，L′d 则由黑色条状或细粒状的 P 和白色 Fe₃C 基体组成，如图 2-11 所示。

（6）共晶白口铸铁　共晶白口铸铁室温时的平衡组织为 L′d，由黑色条状或细粒状的 P 和白色的 Fe₃C 基体组成，如图 2-12 所示。

（7）过共晶白口铸铁　过共晶白口铸铁室温时的平衡组织为 Fe₃C₍Ⅰ₎+L′d，Fe₃C₍Ⅰ₎呈白色粗大长条状，L′d 由黑色条状或细粒状的 P 和白色 Fe₃C 基体组成，如图 2-13 所示。

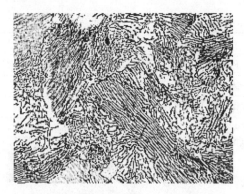

图 2-9　共析钢（T8 钢，$w_C = 0.8\%$）室
温时的平衡组织

图 2-10　过共析钢（T12 钢，$w_C = 0.2\%$）室
温时的平衡组织

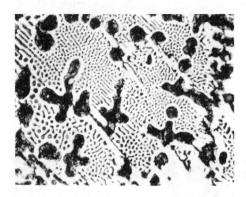

图 2-11　亚共晶白口铁（$w_C = 3.0\%$）室
温时的平衡组织

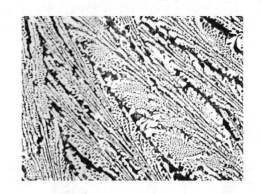

图 2-12　共晶白口铁（$w_C = 4.3\%$）室
温时的平衡组织

2.2.4　实验内容

1）观察各试样的显微组织，分析其组织特征，并结合铁碳相图分析组织形成过程。

2）绘出所观察试样中几个代表性试样的显微组织示意图，并用箭头和符号标出组织组成物。

3）判断所观察试样的材料种类，指出其按组织划分属于何种钢或白口铸铁。

4）分析铁碳合金中含碳量对组织的影响。

注意：观察时可先用低倍全面观察，找出典型组织，然后再用高倍对局部进行详细放大观察；画组织特征图时，只示意性地画出组织组成物即可，不要画出磨痕或杂质。

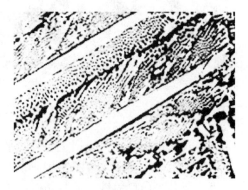

图 2-13　过共晶白口铸铁（$w_C = 50\%$）
室温时的平衡组织

2.2.5　实验报告要求

1）写出实验目的。

2）将所观察试样的组织组成物填入表 2-7 中，并判断材料名称。

表 2-7　铁碳合金平衡组织观察分析实验结果

序号	试样号	浸蚀剂	放大倍数	组织组成物	材料名称
1					
2					
3					
4					
5					
6					
7					
8					

3）画出四个试样的组织示意图，并标出组织组成物。

4）根据所观察的组织，说明含碳量对铁碳合金组织和性能的影响。

5）简答：珠光体组织在低倍和高倍观察时有何不同？为什么？

6）简答：渗碳体有哪几种？它们的形态有什么差别？

2.3　实验三　钢的热处理工艺

2.3.1　实验目的

1）熟悉钢的常用热处理工艺（退火、正火、淬火、回火等）。

2）了解含碳量、加热温度、冷却速度等主要因素对碳钢热处理后性能（硬度）的影响。

2.3.2　实验设备及试样

1）设备：箱式电阻加热炉，洛氏硬度计，淬火水槽、油槽，砂纸、夹钳等。

2）试样：45 钢（退火状态）、T12 钢（退火状态）。

2.3.3　实验概述

钢的热处理是将钢在固态下加热、保温和冷却，以改变其内部组织，从而获得所需要的物理、化学、力学和工艺性能的一种操作。钢的常用热处理工艺有退火、正火、淬火、回火等。加热温度、保温时间和冷却方式是三个重要的工艺因素，热处理时要合理选择。

1. 加热温度的选择

（1）退火加热温度　一般亚共析钢加热至 Ac_3+（20~30）℃（完全退火）；共析钢和过共析钢加热至 Ac_1+（20~30）℃（球化退火），如图 2-14a 所示。其目的是降低硬度，改善钢的切削加工性能。

（2）正火加热温度　一般亚共析钢加热至 Ac_3+（30~50）℃；过共析钢加热至 Ac_{cm}+（30~50）℃，即加热到奥氏体单相区，如图 2-14a 所示。

（3）淬火加热温度　一般亚共析钢加热至 Ac_3+（30~50）℃；共析钢和过共析钢加热至

Ac_1+（30~50）℃，如图 2-14b 所示。

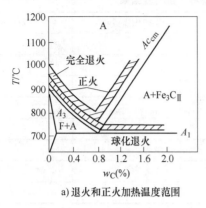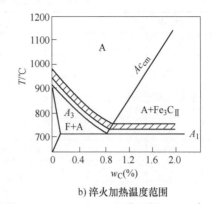

a）退火和正火加热温度范围 b）淬火加热温度范围

图 2-14　加热温度的选择

钢的临界点 Ac_1、Ac_3 及 Ac_{cm} 主要由钢的成分（即含碳量）决定，但也受原始组织及加热速度等的影响。在各种热处理手册或材料手册中，都可以查到各种钢的临界点及热处理温度，见表 2-8。热处理时不能任意提高加热温度，因为当加热温度过高时，晶粒容易长大，氧化、脱碳和变形等都会变得比较严重。

表 2-8　各种常用碳钢的临界点及淬火温度

钢号	临界点/℃			临界淬火温度/℃
	Ac_1	Ac_3	Ac_{cm}	
20	735	855	—	840~860
40	724	790	—	840~860
45	724	780	—	840~860
50	725	760	—	840~860
60	727	750	—	770~800
T8	730	730	—	780~800
T10	730		800	780~800
T12	730		820	780~800
T13	723		830	780~800

（4）回火温度的选择　钢淬火后都要回火，回火温度取决于最终所要求的组织和性能（工厂中常常是根据硬度要求）。按加热温度不同，回火可分为三类：

1）低温回火。在 150~250℃ 下回火称为低温回火，所得组织为回火马氏体，硬度约为 60HRC。其目的是降低淬火应力，减少钢的脆性并保持钢的高硬度。低温回火常用于高碳钢制作的切削刀具、量具和滚动轴承件。

2）中温回火。在 350~500℃ 下回火称为中温回火，所得组织为回火托氏体（或回火屈氏体），硬度为 40~48HRC。其目的是获得高的弹性极限，同时具有高的韧性。主要用于碳的质量分数为 0.5%~0.8% 的弹簧钢的热处理。

3）高温回火。在 500~650℃ 下回火称为高温回火，所得组织为回火索氏体，硬度为

25~35HRC。其目的是获得既具有一定强度、硬度，又具有良好冲击韧性的综合力学性能。所以把淬火后经高温回火的处理称为调质处理，多用于中碳结构钢制作的轴、轮、连杆等。

2. 保温时间的确定

为了使工件内外各部分温度均达到指定温度，并完成组织转变，必须在热处理加热温度下对工件保温一定的时间。通常将工件升温和保温所需时间算在一起，统称为加热时间。

热处理加热时间的确定必须考虑许多因素，如工件的尺寸和形状、使用的加热设备及装炉量、装炉时的炉温、钢的成分和原始组织、热处理的要求和目的等。具体时间可参考热处理手册中的有关数据。

实际工作中多根据经验按工件厚度大致估算加热时间。一般规定，在空气介质中，温度升到规定温度后的保温时间，对于碳钢，按 1~1.5min/mm 估算；对于合金钢，按 2min/mm 估算。在盐浴炉中，保温时间可缩短。

3. 冷却方式的选择

热处理时要选用适当的冷却方式，以获得所需要的组织和性能。

退火时一般采用随炉冷却；正火时采用空气中冷却，大件可采用吹风冷却；淬火时的冷却速度要大于临界冷却速度，以保证全部得到马氏体组织，常用的冷却方法为将工件浸入一种液体淬火冷却介质中冷却，称为单液淬火，如碳钢一般采用水冷淬火，合金钢常采用油冷淬火，冷却曲线如图 2-15 中的①所示。几种常用淬火冷却介质的冷却能力见表 2-9。

表 2-9　几种常用淬火冷却介质的冷却能力

淬火冷却介质	冷却速度/（℃/s）		淬火冷却介质	冷却速度/（℃/s）	
	550~650℃	200~300℃		550~650℃	200~300℃
水（18℃）	600	270	10%NaCl 水溶液	1100	300
水（26℃）	500	270	10%NaOH 水溶液	1200	300
水（50℃）	100	270	10%Na_2CO_3水溶液	800	270
水（74℃）	30	200	10%Na_2SO_4水溶液	750	300
肥皂水	30	200	矿物油	150	30
10%油水乳化液	70	200	变压器油	120	25

单液淬火的冷却速度较大，会产生较大的内应力，造成变形和开裂，为了得到马氏体，又要尽量减少变形和开裂倾向，淬火冷却时，可以使工件在奥氏体最不稳定的温度范围内（550~650℃）超过临界冷却速度进行快冷，而在 Ms 点附近温度（200~300℃）时以较低冷却速度慢冷。例如，可以采用双液淬火，将工件先浸入冷却能力强的淬火冷却介质，在组织即将发生马氏体转变时立即转入冷却能力弱的淬火冷却介质中冷却，其冷却速度曲线如图 2-15 中的②所示。也可采用分级淬火，将工件浸入温度稍高或稍低于 Ms 点的盐浴或碱浴中保持较短时间，在工件整体达到介质温度后取出空冷，其冷却速度曲线如图 2-15 中的③所示。还可以采用等温淬火，即将工件浸入温度稍高于 Ms 点的盐浴或碱浴中快冷到贝氏体转变温度区间，等温保持一定时间，使奥氏体转变为贝氏体，其冷却速度曲线如图 2-15 中的④所示。

2.3.4 实验内容

1）制订 45 钢的淬火热处理工艺。

2）制订 T12 钢的淬火热处理工艺。

3）分析淬火加热温度对 45 钢及 T12 钢硬度的影响。

4）分析淬火冷却方式对 45 钢及 T12 钢硬度的影响。

注意：对炉冷、空冷试样测试 HBW，对水冷、油冷试样测试 HRC；进行热处理时采用普通箱式热处理炉，先设定加热温度及保温时间，将工件放入炉内，升温并保温，然后以一定的冷却方式冷

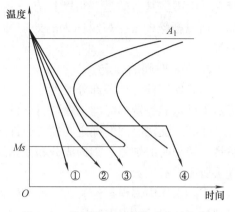

图 2-15　常用淬火方法的冷速示意图

却；淬火时，用钳子夹住试样快速放入液体介质中并不断搅动，以免影响热处理质量；取放试样时要小心，最好先将炉子电源关闭；用砂纸磨去热处理后试样两端面的氧化皮，然后测试硬度（HRC 或 HBW）。

2.3.5 实验报告要求

1）写出实验目的。

2）将实验数据填入表 2-10 中（查附录 A，将 HRC 值换算为 HBW 值）。

表 2-10　钢的热处理工艺实验记录

钢号	热处理工艺		硬度值			预估组织
	加热温度/℃	冷却方式	HRC	HBW	换算为 HBW	
45 钢	860	炉冷				
		空冷				
		油冷				
		水冷				
	760	水冷				
T12 钢	760	炉冷				
		空冷				
		油冷				
		水冷				
	860	水冷				

3）分析含碳量、淬火温度、淬火冷却速度对碳钢性能（硬度）的影响，并根据 Fe-Fe₃C 相图、等温转变图说明硬度变化的原因。

4）简答：45 钢工件常用的热处理工艺是什么？热处理后的组织是什么？常用于什么工件？

5）简答：T12 钢工件常用的热处理工艺是什么？热处理后的组织是什么？常用于什么

工件?

6) 分析 45 钢和 T12 钢淬火时,加热温度过高或过低造成硬度降低的原因。

2.4　实验四　钢的热处理组织观察

2.4.1　实验目的

1) 观察碳钢热处理后的显微组织。
2) 了解热处理工艺对钢的组织和性能的影响。

2.4.2　实验设备及试样

1) 设备:金相显微镜。
2) 试样:金相试样见表 2-11。

表 2-11　钢的热处理组织观察金相试样

试样材料	状　态	浸蚀剂	组　织
20 钢	渗碳退火	4%硝酸酒精	$P+Fe_3C_{II}{\rightarrow}P{\rightarrow}P+F$
	淬火	4%硝酸酒精	板条状马氏体
45 钢	860℃水淬	4%硝酸酒精	板条状马氏体
	860℃油淬	4%硝酸酒精	马氏体+珠光体+针片状马氏体
	860℃水淬+600℃回火	4%硝酸酒精	回火索氏体
	760℃水淬	4%硝酸酒精	马氏体+铁素体
T12 钢	1000°淬火	4%硝酸酒精	粗大片状马氏体+残留奥氏体
	760℃淬火+200°回火	4%硝酸酒精	回火马氏体+粒状渗碳体+残留奥氏体
	760℃球化退火	4%硝酸酒精	铁素体+粒状渗碳体

2.4.3　实验概述

1. 碳钢热处理冷却后各种组织的显微特征

碳钢热处理时加热到高温奥氏体化,然后以不同的冷却方式冷却,可得到珠光体、贝氏体、马氏体三种不同类型的组织,其显微组织特征如下。

(1) 珠光体类组织　珠光体类组织是钢在退火或正火时过冷奥氏体的高温转变产物,可分为珠光体 (P)、索氏体 (S) 和托氏体 (T),它们都是铁素体与渗碳体层片相间的混合物,都属于珠光体。托氏体和索氏体可以认为是细珠光体,托氏体比索氏体的珠光体层片间距更小,索氏体一般在 800~1000 倍的光学显微镜下能分辨,而托氏体组织要在 10000 倍以上的电子显微镜下才能分辨,如图 2-16 所示,它们在普通光学显微镜下呈黑色。

(2) 贝氏体组织　贝氏体 (B) 组织是钢在等温淬火时过冷奥氏体的中温转变产物。它基本上也是铁素体与渗碳体的混合物,按形态可分为上贝氏体 (羽毛状) 和下贝氏体 (针状)。上贝氏体是由大致平行排列的铁素体板条及断续分布于其间的细条状渗碳体组成的,呈羽毛状,如图 2-17a 所示,上贝氏体中渗碳体条间距通常比珠光体片间距大,且分布不连

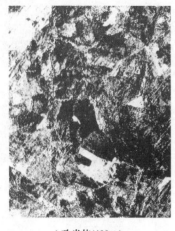  

a) 珠光体(400×)   b) 索氏体(2000×)   c) 托氏体(12000×)

图 2-16 珠光体转变组织

续，脆性较大，生产上并不希望得到这种组织。下贝氏体为细小粒状碳化物分布在针片状铁素体基体上，在光学显微镜下分辨不清，呈黑色针状，如图 2-17b 所示。在电子显微镜下，可看到碳化物的取向与铁素体长轴的夹角成 55°~60°。

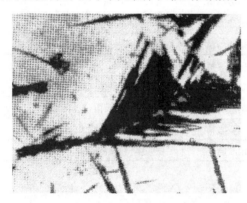 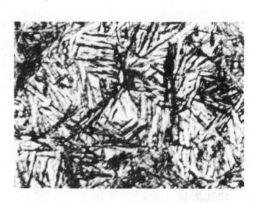

a) 上贝氏体组织   b) 下贝氏体组织

图 2-17 贝氏体显微组织

（3）马氏体组织 马氏体（M）组织是钢在淬火时过冷奥氏体的低温转变产物，是碳在 α-Fe 中的过饱和固溶体。马氏体组织按含碳量的高低可形成两种基本形态，即板条状马氏体和针片状马氏体。

板条状马氏体也称低碳马氏体，它是由尺寸大致相同的细马氏体板条平行排列组成的马氏体束，电子显微镜下可看到马氏体板条内有细小的碳化物沉淀。其光学金相特征是马氏体板条较易浸蚀而发黑，如图 2-18a 所示。

针片状马氏体也称高碳马氏体，在光学显微镜下观察时呈针片状（针状、竹叶状、透镜状），如图 2-18b 所示。其组织难以浸蚀，在显微镜下呈白亮色或浅灰色，与残留奥氏体难以区分，只有马氏体回火后才能分辨出马氏体与其间的残留奥氏体。

a) 板条状马氏体组织　　　　　　　　　　　　b) 针片状马氏体组织

图 2-18　马氏体显微组织

2. 碳钢淬火后以不同方式回火得到的组织及显微特征

淬火钢经不同温度回火，通常可以得到三种不同的组织。

（1）回火马氏体　淬火钢在 150~250℃ 回火（低温回火）后，可得到回火马氏体组织。低温回火降低了淬火应力及脆性，一般用于处理各种工具及要求表面硬度高的零件。高碳钢的回火马氏体仍然具有针片状特征，但浸蚀后显示的颜色比淬火马氏体深，如图 2-19a 所示，回火马氏体中的渗碳体质点极为细小，只有在高倍电子显微镜下才能看到。

（2）回火托氏体　淬火钢在 350~500℃ 回火（中温回火）后，可得到回火托氏体组织。中温回火一般用于各种弹簧淬火后的处理，能够获得高的弹性极限和屈服强度。回火托氏体中铁素体基体的针状形态隐约可见，不是很明显，如图 2-19b 所示；碳化物很细小，在光学显微镜下难以分辨，在电子显微镜下可见渗碳体颗粒。

（3）回火索氏体　淬火钢在 500~650℃ 回火（高温回火）后，可得到回火索氏体组织。高温回火一般用于轴类、轮类、连杆类等零件淬火后的处理，可获得良好的综合力学性能。在金相显微镜下可见回火索氏体为等轴的铁素体晶粒和细小的粒状渗碳体，如图 2-19c 所示。

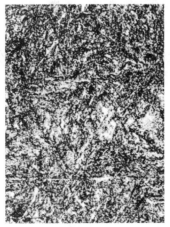
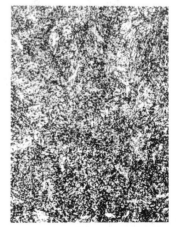

a) 回火马氏体　　　　　　　b) 回火托氏体　　　　　　　c) 回火索氏体

图 2-19　回火组织（400×）

3. 钢热处理后的组织

碳钢经热处理加热奥氏体化后，所采用热处理工艺的冷却速度不同，热处理后得到的组织也不同。退火冷却速度较慢，组织接近平衡组织；正火冷却速度也较慢，其组织与退火基本相同，但组织更细小；淬火冷却速度较快，其组织为马氏体、残留奥氏体，过共析钢淬火组织中还有粒状渗碳体。碳钢经不同热处理工艺后的组织也可依据其冷却速度曲线及奥氏体等温转变图（也称"C"曲线）进行分析判断。

（1）共析钢的热处理组织　共析钢的退火、正火、淬火热处理，均为加热至高温全部奥氏体化，可以根据图 2-20 所示的共析钢等温转变图及各种连续冷却速度曲线判断其奥氏体转变产物及热处理组织。共析钢退火为炉冷，冷却速度相当于图 2-20 中的 v_1，其相交于等温转变图上部，故转变产物为珠光体；共析钢正火为空冷，冷却速度相当于图中的 v_2，其相交于等温转变图上部较低的温度处，转变产物为索氏体（细珠光体）；共析钢淬火的冷却速度相当于图中的 v_3，其与 Ms 线相交，得到针片状马氏体和残留奥氏体组织。

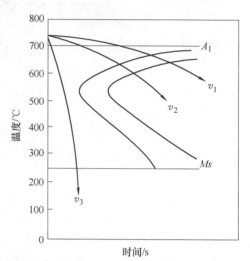

图 2-20　共析钢热处理组织判断

（2）亚共析钢的热处理组织　亚共析钢的退火、正火、淬火热处理，均为加热至高温全部奥氏体化。其退火及正火后的组织均为珠光体和铁素体，但正火组织中的珠光体、铁素体晶粒细小，且珠光体片层更细小，铁素体数量减少（由于空冷时冷却速度较快，铁素体不能充分析出）。图 2-21 所示为 45 钢退火及正火组织对比。

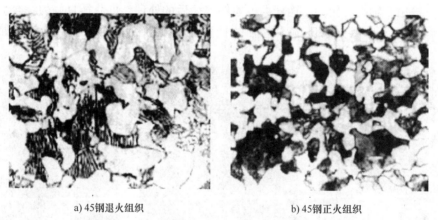

a) 45钢退火组织　　　　　　　　b) 45钢正火组织

图 2-21　亚共析钢（45 钢）退火及正火组织对比

亚共析钢正常淬火后的组织为马氏体，在碳的质量分数大于 0.5% 的钢中，马氏体间还有少量残留奥氏体。含碳量较低时为板条状马氏体，含碳量较高时为针片状马氏体，含碳量中等时为针片状马氏体与板条状马氏体的混合组织。图 2-22a 所示为 45 钢正常淬火组织，为细小针片状马氏体与细小板条状马氏体。如果淬火冷却速度不足（如油冷），则得到马氏体和屈氏体的黑色块状混合组织，如图 2-22b 所示；当淬火温度过低时，淬火后的组织中存在游离铁素体（白色块状），如图 2-22c 所示。

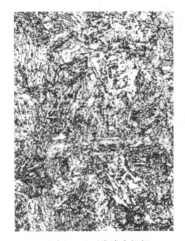
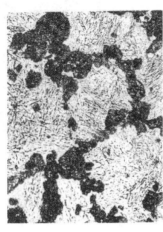
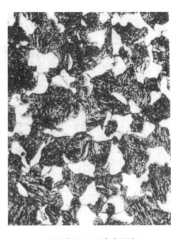

a) 45钢860℃正常淬火组织　　　b) 45钢油冷淬火组织　　　c) 45钢750℃淬火组织

图 2-22　亚共析钢（45 钢）的淬火组织

（3）过共析钢的热处理组织　过共析钢退火通常采用球化退火，加热温度在 Ac_1 以上，温度较低，加热后二次渗碳体及珠光体中的渗碳体均变为颗粒状，加热组织为奥氏体及粒状渗碳体，炉冷后的组织为白色铁素体基体和白色粒状渗碳体，如图 2-23 所示。

过共析钢的正火一般是为退火做组织准备，消除网状二次渗碳体，使其成为断续网状。加热至高温全部奥氏体化后，炉冷奥氏体转变为细珠光体及断续网状渗碳体。

过共析钢的正常淬火组织为灰白色细小针片状马氏体+白色粒状渗碳体及少量残留奥氏体，如图 2-24a 所示；当淬火温度过高时，将得到粗大的马氏体组织，且残留奥氏体量增多，如图 2-24b 所示。

图 2-23　过共析钢（T12 钢）的球化退火组织

2.4.4　实验内容

1）观察 20 钢淬火的低碳马氏体组织和渗碳退火组织。

2）观察 45 钢正常淬火的马氏体组织、温度较低的淬火组织、冷速较慢的淬火组织。

3）观察 T12 钢正常淬火的马氏体组织、温度较高的高碳马氏体淬火组织、球化退火组织。

2.4.5　实验报告要求

1）写出实验目的。

2）记录几个典型试样的组织组成物，填写表 2-12。

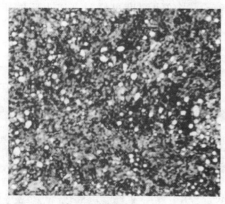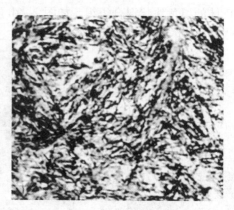

a) T12钢760℃正常淬火组织　　　　b) T12钢1000℃过热淬火组织

图 2-24　过共析钢（T12 钢）的淬火组织

表 2-12　钢的热处理组织观察实验记录

序　号	试样材料	状　态	浸蚀剂	放大倍数	组织组成物
1	20 钢	渗碳退火			
2	20 钢	淬火			
3	45 钢	860℃水淬			
4	45 钢	860℃油淬			
5	45 钢	860℃水淬+600℃回火			
6	45 钢	760℃水淬			
7	T12 钢	1000℃水淬			
8	T12 钢	760℃水淬+200℃回火			
9	T12 钢	760℃球化退火			

3）画出表 2-12 中序号为 1、5、8 的试样的组织示意图。

4）45 钢淬火后硬度不足，如何利用金相组织分析来判断是淬火加热温度不够高还是冷却速度不够快引起的？

5）简答：45 钢调质和 T12 钢球化退火组织在本质、形态、性能和用途上有何差异？

2.5　实验五　合金钢、铸铁、有色金属组织观察

2.5.1　实验目的

1）观察各种常用合金钢、铸铁、有色金属的显微组织。

2）进一步了解金属材料的组织与性能之间的关系。

2.5.2　实验设备及试样

1）设备：金相显微镜。

2）试样：

①高速工具钢（W18Cr4V）（铸态，锻造退火、淬火、回火四种状态）。

②灰铸铁（铸态）、球墨铸铁（铸态）、可锻铸铁（退火态）。

③铝合金（ZL102）（变质及未变质）；单相、双相黄铜（退火态）；锡基巴氏合金（铸态）。

2.5.3　实验概述

合金钢的性能之所以比碳钢优越，主要是由于合金元素在钢中所起的作用，它们的加入，特别是在加入量较大时，钢的内部组织与结构（包括相变温度）有较大变化。

铸铁组织（除白口铸铁外）可以认为是在钢的基体上分布着不同形态、尺寸和数量的石墨，石墨对铸铁的性能起着重要作用，正确认识和鉴别各类铸铁的金相组织对评定其质量和性能有着重要意义。

有色金属及其合金具有某些独特的优异性能。例如，铝合金的密度小而强度高；铜及铜合金的导电性极好，耐蚀性好；铅与锡合金具有良好的减摩性等。而这些性能特点与其内部组织密切相关。

1. 合金钢的组织

合金钢中的基本相有合金铁素体、合金奥氏体、合金碳化物（包括合金渗碳体和特殊碳化物）及金属间化合物等。其中，合金铁素体和合金渗碳体的组织特征与碳钢中的铁素体和渗碳体无明显区别，金属间化合物的组织形态随种类不同而各异，合金奥氏体在晶粒内常存在滑移线和孪晶特征。当合金钢中合金元素的总量较少时，其组织与相同含碳量的碳钢相似，如 40Cr 钢的组织与 40 钢相似；当合金元素的总量较多时，其组织则比较复杂，含有大量碳化物。本实验主要介绍高合金含量的高速工具钢和不锈钢的组织。

（1）高速工具钢的组织　高速工具钢是高合金工具钢，以具有良好的热硬性而著称。这里以典型的 W18Cr4V（简称 18-4-1）钢为例介绍其组织与性能。

W18Cr4V 钢的化学成分为：$w_C = 0.7\% \sim 0.8\%$，$w_W = 17.5\% \sim 19\%$，$w_{Cr} = 3.8\% \sim 4.4\%$，$w_V = 1.0\% \sim 1.4\%$，$w_{Mo} \leqslant 0.3\%$。由于钢中存在大量的合金元素（质量分数大于 20%），因此其组织中除形成合金铁素体与合金渗碳体外，还会形成各种合金碳化物（如 Fe_4W_2C、VC 等），这些组织特点决定了高速工具钢具有优良的切削性能。

1）高速工具钢的铸态组织。按组织特点分类，高速工具钢属于莱氏体钢，这是由于高速工具钢中含有大量合金元素，使铁碳相图中的 E 点强烈左移，虽然碳的质量分数只有 $0.7\% \sim 0.8\%$，但在一般铸造条件下可形成具有鱼骨状碳化物的共晶莱氏体组织。在显微镜下观察时，除共晶莱氏体外，还存在暗黑色的珠光体类型组织和少量白亮色马氏体，如图 2-25 所示。

2）高速工具钢的退火组织。高速工具钢的铸态组织极不均匀，特别是由于共晶组织中粗大碳

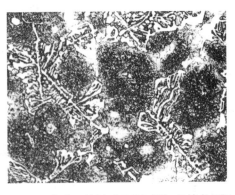

图 2-25　高速工具钢（W18Cr4V）的铸态组织

化物的存在，使钢的性能显著降低。因此，高速
工具钢铸造后必须经过锻造、退火，以改善碳化
物的分布状况。图 2-26 所示为 W18Cr4V 钢经锻造
及退火后的显微组织，组织中呈亮白色粒状的为
碳化物，基体组织是索氏体。

　　3）高速工具钢淬火+回火后的组织。高速工
具钢优良的热硬性及高耐磨性，只有经淬火+回火
后才能获得。W18Cr4V 钢通常采用较高的淬火温
度（1270~1280℃），以保证奥氏体充分合金化，
淬火时可在油或空气中冷却。图 2-27 所示为
W18Cr4V 钢经 1270~1280℃淬火后的显微组织，
其组织为在马氏体及残留奥氏体的基体上分布着

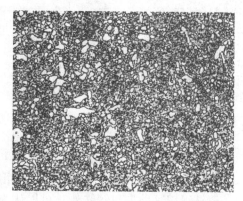

图 2-26　高速工具钢（W18Cr4V）的
锻造退火组织

碳化物颗粒。在金相显微镜下，马氏体针片形态不易显示而呈晶粒状，称为隐晶马氏体。

　　高速工具钢经淬火后，组织中存在相当数量（30%~40%）的残留奥氏体，需经 560℃
回火（一般进行 2~3 次）加以消除。回火时从马氏体和部分残留奥氏体中析出高度分散的
碳化物，降低了残留奥氏体中碳和合金元素的含量，使其稳定性降低，在冷却过程中这些残
留奥氏体就会转变成马氏体。最后的组织为亮白色的颗粒状碳化物和暗黑色基底（回火马
氏体和少量残留奥氏体），如图 2-28 所示。

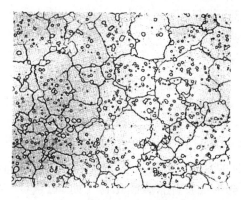

图 2-27　高速工具钢（W18Cr4V）
的淬火组织

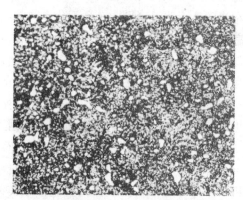

图 2-28　高速工具钢（W18Cr4V）的淬
火+三次回火组织

　　（2）不锈钢组织　　不锈钢在大气、海水及化学介质中具有良好的耐蚀性。下面以
12Cr18Ni9 钢为例分析其组织性能。

　　该钢的化学成分为：$w_C \leq 0.15\%$，$w_{Cr} = 17\% \sim 19\%$，$w_{Ni} = 8\% \sim 10\%$。Cr 在钢中的主要作
用是产生钝化作用，提高电极电位而使钢的耐蚀性提高。Ni 的加入在于扩大奥氏体区及降
低 Ms 点，以保证室温下具有单相奥氏体组织。

　　12Cr18Ni9 钢的热处理工艺是固溶处理（1010~1150℃水淬）。图 2-29 所示为该钢经
1010~1150℃水淬后的显微组织，组织呈现出单一奥氏体晶粒，并有明显的孪晶线。

　　2. 铸铁的组织

　　按石墨的形态、大小和分布情况不同，铸铁主要分为灰铸铁（石墨呈片状）、可锻铸铁

（石墨呈团絮状）和球墨铸铁（石墨呈圆球状）。

（1）灰铸铁的组织　灰铸铁的组织特征是在钢的基体上分布着片状石墨。根据石墨化程度及基体组织的不同，灰铸铁又可分为铁素体灰铸铁、铁素体+珠光体灰铸铁和珠光体灰铸铁。

图 2-30a 所示为铁素体灰铸铁的显微组织，其中石墨呈黑灰色片状分布在亮白色的铁素体基体上。图 2-30b 所示为铁素体+珠光体灰铸铁的显微组织，其中除黑灰色片状石墨外，暗黑色或条纹状基底为珠光体，亮白色部分为铁素体。图 2-30c

图 2-29　12Cr18Ni9 钢的水淬（固溶）组织

所示为珠光体灰铸铁的显微组织，暗黑色或条纹状的珠光体基底上分布有黑灰色条片状石墨。与灰铸铁组织相似的一种铸铁，其石墨片尖端蠕化变圆，似蠕虫状，称为蠕墨铸铁。

a) 铁素体基体　　　　　　　　b) 铁素体+珠光体基体　　　　　　　　c) 珠光体基体

图 2-30　三种基体的灰铸铁组织

（2）可锻铸铁的组织　可锻铸铁是由白口铸铁经石墨化退火处理得到的，其中的渗碳体发生分解而形成团絮状石墨。按照基体组织不同，常用的可锻铸铁有铁素体可锻铸铁和珠光体可锻铸铁两类。

图 2-31a 所示为铁素体可锻铸铁的显微组织，其中石墨呈暗灰色团絮状，亮白色晶粒为铁素体基体。图 2-31b 所示为珠光体可锻铸铁的显微组织，在条纹状珠光体基体上分布着黑灰色的团絮状石墨。

（3）球墨铸铁的组织　球墨铸铁组织中的石墨呈圆球状。球状石墨的存在可使铸铁内部的应力集中现象得到改善，同时减轻对基体的割裂作用，从而充分地发挥基体性能的潜力，使球墨铸铁具有很高的强度和一定的韧性。球墨铸铁的显微组织按基体不同，可分为铁素体球墨铸铁、铁素体+珠光体球墨铸铁和珠光体球墨铸铁。

图 2-32a 所示为铁素体球墨铸铁的显微组织，其中亮白色或灰色晶粒为铁素体基体，黑灰色圆球状为石墨。图 2-32b 为铁素体+珠光体球墨铸铁的显微组织，其中暗黑色基底为珠

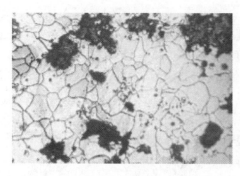

a) 铁素体可锻铸铁

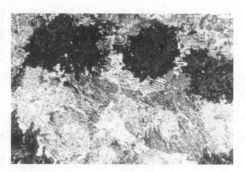

b) 珠光体可锻铸铁

图 2-31　可锻铸铁的组织

光体，分布在圆球状石墨周围的亮白色基体是铁素体，此铸铁也称为"牛眼状球铁"。图 2-32c 所示为珠光体球墨铸铁的显微组织，为暗黑色珠光体基底上分布着黑色球状石墨。

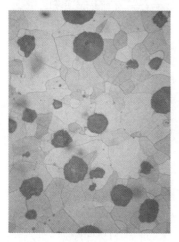

a) 铁素体基体

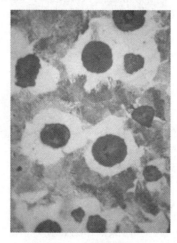

b) 铁素体+珠光体基体

c) 珠光体基体

图 2-32　球墨铸铁的组织

3. 有色合金组织

（1）铝合金组织　铝合金分为变形铝合金和铸造铝合金两类，变形铝合金的组织比较简单，一般为单相固溶体，这里不做介绍，主要介绍铸造铝合金。

铸造铝合金中应用最广的是铝硅系合金 ZL102（w_{Si} = 10% ~ 13%），常称为"硅铝明"。由 Al-Si 合金相图可知，该合金成分在共晶点附近，所以组织中有由 α 固溶体和粗针状硅晶体组成的共晶体以及少量呈多边形状的初生硅晶体，其显微组织如图 2-33a 所示。这种粗大的针状硅晶体显然会使合金的塑性降低，为了改善合金的性能，工业中通常在合金浇注前加入钠或钠盐，进行变质处理。变质处理后，不仅可以使硅晶体由粗针状细化为细粒状，还可得到由枝晶状的初生 α 固溶体和细密共晶体组成的亚共晶组织，如图 2-33b 所示。这样的组织相应地提高了铝合金的强度和塑性。

（2）铜合金组织　工业上广泛使用的铜合金有铜锌合金（黄铜）、铜锡合金（锡青铜）、铜铝合金（铝青铜）、铜铍合金（铍青铜）和铜镍合金（白铜）等。这里以黄铜为例

 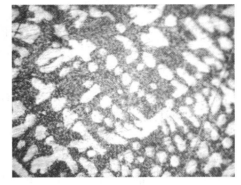

a) 未经变质处理   b) 变质处理后

图 2-33 ZL102 合金的铸态组织

进行说明。

常用的黄铜中锌的质量分数均在 45% 以下。由 Cu-Zn 合金相图可知，锌的质量分数小于 39% 的黄铜均呈 α 固溶体单相组织，称为 α 黄铜（或单相黄铜）。图 2-34a 所示为单相黄铜 H70（w_{Zn} = 30%）经变形及退火后的显微组织，其中 α 晶粒呈多边形，并具有明显的孪晶，其塑性和耐蚀性都很好，适合制作各种深冲零件。

锌的质量分数为 39%~45% 的黄铜为 α+β 两相组织，称为（α+β）黄铜（或两相黄铜）。图 2-34b 所示为两相黄铜 H62（w_{Zn} = 36%~40%）的铸态显微组织。其中 α 相呈亮白色，β 相为暗黑色。β 相是以 CuZn 电子化合物为基的固溶体，其硬度大于 α 相，故两相黄铜可用于制作受力较大的工件。β 相在低温时硬而脆，而在高温时则有较好的塑性，故两相黄铜适合进行热加工。

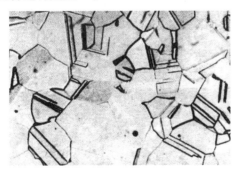 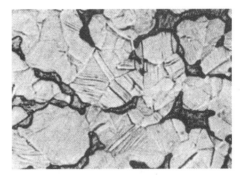

a) 单相黄铜的显微组织   b) 两相黄铜的显微组织

图 2-34 黄铜的组织

（3）轴承合金组织 轴承合金通常用来制造滑动轴承的轴瓦及其内衬。轴瓦材料应同时具有较高的强度、硬度和较好的塑性、韧性，因此，轴承合金的理想组织应该是由软硬不同的相组成的混合物，如在软而有塑性的基体上分布着硬的质点。以铅或锡为基的轴承合金具有满足上述要求的组织特征。最常用的锡基轴承合金为 ZSnSb11Cu6，该合金的成分中除基本元素 Sn 外，还含有 11% 的 Sb 及 6% 的 Cu（质量分数），其组织如图 2-35 所示。其中暗黑色的为软基体 α 相（Sb 溶于 Sn 形成的固溶体），白色块状为硬质点 β' 相（以化合物 SnSb 为基的固溶体），白亮针状或小颗粒状析出物为硬质点 Cu_6Sn_5 化合物。针状析出物 Cu_6Sn_5

的密度与液相差不多，不会产生密度偏析，而且能均匀分布搭成骨架，阻止随后结晶出的密度较小的 β′相的上浮，防止 β′相产生密度偏析。

2.5.4 实验内容

1）观察高速工具钢、不锈钢等高合金钢试样的显微组织，了解它们的组织特征。

2）观察各种铸铁试样的显微组织，了解它们的组织特征。

3）观察铝合金、铜合金、轴承合金试样的显微组织，了解它们的组织特征。

图 2-35 锡基轴承合金 ZSnSb11Cu6 的组织

2.5.5 实验报告要求

1）写出实验目的。

2）观察记录各试样的组织组成物，填写表 2-13。

表 2-13 合金钢、铸铁、有色金属组织观察实验记录

序号	材料	状态	浸蚀剂	放大倍数	组织组成物
1	W18Cr4V	铸态			
2	W18Cr4V	锻造退火			
3	W18Cr4V	淬火			
4	W18Cr4V	回火			
5	灰铸铁	铸态			
6	球墨铸铁	铸态			
7	蠕墨铸铁	铸态			
8	可锻铸铁	退火			
9	ZL102	铸态（未变质）			
10	ZL102	铸态（变质）			
11	H62	退火			
12	H70	退火			
13	锡基轴承合金	铸态			

3）画出序号为 4、5、6 的试样的组织示意图。

4）讨论渗碳钢、调质钢、弹簧钢等各种合金结构钢的组织、性能特点，并与含碳量相同的碳钢进行比较。

5）分析铸铁与钢在力学性能上的差异及其产生原因。

6）简答：高速工具钢的热处理工艺有哪些？与碳素工具钢相比，其热处理工艺、组织、性能有何特点？

7）简答：为使球墨铸铁得到回火索氏体及下贝氏体基体组织，应进行何种热处理？

2.6　实验六　工程塑料、陶瓷、复合材料组织观察

2.6.1　实验目的

1）了解工程塑料的组织。
2）了解陶瓷的组织。
3）了解复合材料的组织。

2.6.2　实验设备及试样

1）设备：金相显微镜。
2）试样：
①工程塑料及陶瓷材料（或组织照片）。
②金属基复合材料（钨钴类硬质合金 M30 和钨钴钛类硬质合金 P30）。
③树脂基复合材料（玻璃钢板表面和侧断面）。

2.6.3　实验概述

工程材料包括金属材料、高分子材料（结构材料以工程塑料为主）、陶瓷材料、复合材料。本实验主要了解工程材料中的非金属材料（即工程塑料和陶瓷）及复合材料的组织与结构。

1. 工程塑料的组织

工程塑料是指强度、刚度和韧性都比较好，并且耐较高温度、耐辐射、耐蚀，能在机械设备和工程结构中应用的一类塑料，它不同于产量大、价格低的生活用塑料，如聚乙烯（PE）、聚氯乙烯（PVC）等。工程塑料主要有聚酰胺（PA）、聚甲醛（POM）、聚碳酸酯（PC）、聚酯（PBT 和 PET）、ABC 塑料、聚四氟乙烯（PTFE）等，广泛应用于汽车、飞机、电气等行业，如液压缸密封圈、轴套、齿轮、外护板等。

工程塑料是以特殊聚合物为基础，加入填充剂、增塑剂、稳定剂、固化剂等，在一定温度和压力下加工成型的。常温下一般为非晶型固体，内部由大分子链杂乱排列组成，分子间以分子键结合，大分子内部结构包括链节的组成、链接方式和空间构型等，原子间以共价键或氢键结合。

工程塑料的内部组成需要用透射电子显微镜观察，其内部不同组成物的密度不同，入射电子透过样品时被散射的电子不同，通过光阑参与成像的电子强度就不同，从而可观察到内部组成图像。例如，ABS 塑料是丙烯腈（A）、丁二烯（B）、苯乙烯（S）的三元共聚物，其透射电子显微照片如图 2-36 所示，聚丁二烯橡胶粒子均匀地分散在丙烯腈-苯乙烯二元共聚物基体上，并以化学链和二元共聚物相接。由于橡胶粒子可分散应力集中，故 ABS 的抗冲击性好。

2. 陶瓷材料的组织

陶瓷是硅酸盐等无机非金属材料的总称，分为普通陶瓷（主要由石英、黏土、长石等天然矿物组成）和特种陶瓷（主要由人工合成化合物组成，如 SiC、Si_3N_4、Al_2O_3 等），陶瓷

是由原料粉经压制、烧结而成的。

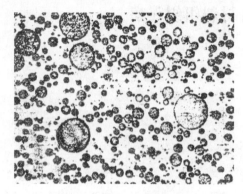

图 2-36　ABC 塑料扫描电镜照片

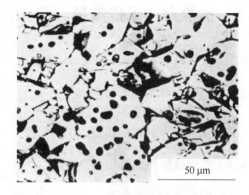

50 μm

图 2-37　陶瓷的组织（晶相、玻璃相、气相）

　　陶瓷的组织由晶相、玻璃相和气相组成，如图 2-37 所示。晶相是陶瓷材料的主要组成相，它决定了陶瓷的性能。例如，硅酸盐陶瓷中的晶相是由硅和氧结合成的硅氧四面体连接而成的链状或环状硅酸盐，如图 2-38 所示；刚玉陶瓷的晶相是 α-Al_2O_3，呈三方晶系结构。玻璃相是烧结过程中形成的液体，冷却过程中原子来不及进行有序排列，凝固而成为非晶态玻璃相，它是由离子多面体构成的空间网络，排列上具有长程无序特征。气相是指陶瓷中的气孔，分布在晶粒、晶界或玻璃相中。

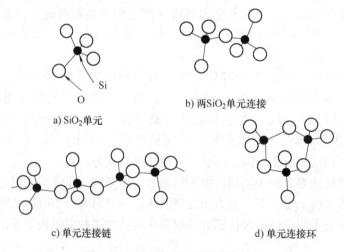

a) SiO_2 单元

b) 两 SiO_2 单元连接

c) 单元连接链

d) 单元连接环

图 2-38　SiO_2 单元的不同连接方式

　　陶瓷的性能特点是硬而脆，还具有高熔点、高热强性、高抗氧化性、高耐磨性等，是很有发展前途的高温材料，可制作高温模具、成形模具、高温发动机轴套、喷嘴等。

　　3. 复合材料的组织

　　复合材料是在基体材料中加入增强剂而形成的，按基体种类可分为金属基复合材料、树脂基复合材料和陶瓷基复合材料三种；按增强剂形状可分为颗粒增强复合材料和纤维增强复合材料两种。增强颗粒有 SiC、WC、TiC、Al_2O_3 等颗粒，增强纤维有 Al_2O_3 纤维、SiC 纤维、碳纤维、硼纤维、玻璃纤维、难熔金属丝、芳纶纤维等。颗粒直径约为 0.1 μm 到十几 μm，纤维直径约为几 μm 到一百多 μm。

复合材料具有比基体更高的强度、刚度、硬度、耐磨性、抗疲劳性能，用于具有高性能要求的结构件。

（1）金属基复合材料的组织　金属基复合材料中应用较多的是硬质合金，它以金属 Co 为基体，加入 WC 或 TiC 陶瓷颗粒压制烧结而成。钨钴类硬质合金的显微组织一般由 WC 颗粒相和 Co 相两相组成，WC 相为三角形、四边形及不规则形状的白色颗粒；Co 相为 WC 溶于 Co 内的固溶体，作为基体相，呈黑色，如图 2-39a 所示。钨钴钛类硬质合金的显微组织一般由 WC 颗粒相、Ti 相、Co 相三相组成，WC 颗粒相为三角形、四边形及不规则形状的白色颗粒；Ti 相是 WC 溶于 TiC 内的固溶体，在显微镜下呈黄色；Co 相是 WC、TiC 溶于 Co 内的固溶体，为基体相，呈黑色，如图 2-39b 所示。

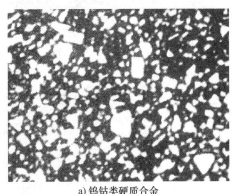
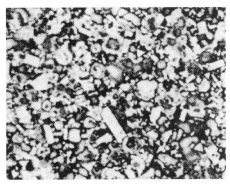

a) 钨钴类硬质合金　　　　　　　　　　b) 钨钴钛类硬质合金

图 2-39　硬质合金的组织

（2）树脂基复合材料的组织　树脂基复合材料中应用最多的是玻璃纤维增强复合材料（玻璃钢）。图 2-40a、b 所示分别为玻璃纤维增强环氧树脂复合材料的表面及断面形态。图 2-41 所示为纤维增强聚合物基复合材料拉断后的扫描电镜照片。

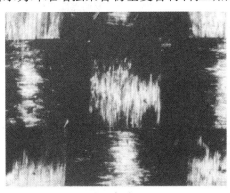
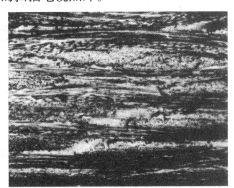

a) 表面　　　　　　　　　　　　　　b) 断面

图 2-40　玻璃纤维增强环氧树脂的组织

（3）陶瓷基复合材料的组织　在陶瓷基体中加入增强纤维，可提高其韧性。图 2-42 所示为氮化硼（BN）纤维增强的玻璃基体复合材料被拉断后的扫描电镜照片，断口上大量纤维被拉出，基体出现多重开裂，显示出韧化特征。而不加纤维的断口为平坦、脆性损伤特征，如图 2-43 所示。

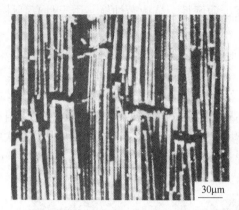

30μm

图 2-41   纤维增强聚合物基复合材
料拉断后的 SEM 照片

5μm

图 2-42   BN 纤维增强玻璃拉
断后的 SEM 照片

2.6.4   实验内容

1）观察各种非金属材料试样的显微组织。
2）比较各种非金属材料的组织。

2.6.5   实验报告要求

1）写出实验目的。
2）画出硬质合金的组织示意图，标明组织组成物。
3）说明各种非金属材料的组织特点、性能特点。
4）分析复合材料中增强剂的形态、大小、种类、结合状态对材料性能的影响。

5μm

图 2-43   玻璃脆性断口的 SEM 照片

2.7   实验七   粉末冶金的热压烧结成形

2.7.1   实验目的

1）了解粉末冶金的工艺过程。
2）掌握粉末冶金的热压烧结成形机理。
3）了解热压烧结温度和压力对热压烧结材料性能的影响。

2.7.2   实验设备及试样

1）设备：真空热压烧结炉、混料机、热压石墨模具、电子天平、干燥箱、烧杯。
2）试样：金属粉末（铝合金 A356）、脱模剂。

2.7.3   实验概述

1. 粉末冶金工艺
粉末冶金制备工艺主要包括粉末制备、压制成形、烧结及后处理四个工艺过程。

　　粉末制备是粉末冶金的第一道工序，包括固态制粉、液态制粉和气态制粉。固态制粉的常见方法包括机械粉碎法、电化学腐蚀法、还原法、还原-化合法、高温反应合成法。液态制粉的常见方法包括雾化法、置换法、溶液氢还原法、水溶电解法、盐熔电解法。气态制粉的常见方法包括蒸气冷凝法、热离解法、气相氢还原法、化学气相沉积法。

　　压制成形是粉末冶金的第二道工序，是通过外部压力把粉末压制成所需几何形状且具有一定密度的过程。粉末在压模内的压制过程如图 2-44 所示，在粉末压制过程中，压力在高度上从上冲模端面向下出现显著的降低，同时中心部分与边缘部分也存在压力差。因此，压坯各部分的致密化程度也不相同。

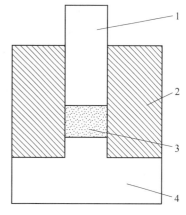

图 2-44　压制过程示意图

1—上模冲　2—阴模　3—下模冲　4—粉末

　　烧结是粉末冶金的重要工序，对最终产品的性能起决定性作用。烧结时，粉末或粉末压坯在适当的温度和气氛下加热会发生一系列复杂的变化，烧结的结果是颗粒之间发生粘结，烧结体的强度增加，密度提高，如果烧结条件控制得当，烧结体的密度和其他物理性能及力学性能可以接近或达到相同成分致密材料的性能。

　　烧结过程中，随着温度的升高，粉末中将发生一系列的物理、化学变化：水和有机物的蒸发或挥发、吸附气体的排出、应力消除以及粉末颗粒表面氧化物的还原等；然后粉末表面原子间发生相互扩散和塑性流动；随着颗粒间接触面积的增大，会产生再结晶和晶粒长大，有时会出现固相熔化和重结晶。上述过程常常会相互重叠，相互影响，使烧结过程变得十分复杂。烧结过程中金属颗粒的变化如图 2-45 所示：接触在一起的粉末颗粒（图 2-45a）在表面能的驱动下，接触面间通过原子扩散结合在一起，并形成孤立的空隙（图 2-45b）；随着热压烧结的进行，空隙周边的原子向空隙扩散、流动、填充，同时晶粒均匀长大使空隙处的晶界合并，空隙形状趋近球形并不断缩小（图 2-45c），不断致密化。

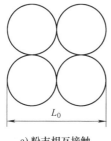 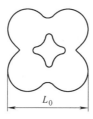 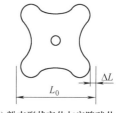

　a) 粉末相互接触　　　　　　b) 形成孤立的空隙　　　　c) 粉末形状变化与空隙球化

图 2-45　金属粉末烧结过程示意图

　　后处理是指压坯烧结后的进一步处理，常用的有复压、浸渍、热处理、热锻、表面处理等。复压是为了提高烧结体的物理和力学性能而进行的施压处理，适用于要求较高且塑性较好的制品，如铁基、铜基制品。浸渍是用非金属物质（如油、石蜡和树脂等）填充烧结体孔隙的方法，有浸油、浸塑料、浸熔融金属等，可改善其自润滑性能或提高制品的强度及耐磨性。常用的热处理方法有淬火、化学热处理、热锻及表面处理等。对于不受冲击而要求耐磨的铁基制件，可采用整体淬火；由于孔隙的存在能减小内应力，一般可以不回火；而对于要求外硬内韧的铁基制件，可采用淬火或渗碳淬火。热锻是获得致密制件的常用方法，热锻造的制品晶粒细小，且强度和韧性较高。常用的表面处理方法有蒸气处理、电镀、浸锌等，可起到防锈、耐磨及装饰作用。

2. 粉末冶金的热压烧结

热压烧结是粉末冶金的一种常用工艺，是将粉末冶金的压制和成形过程同时进行的工艺。装在热压模具中的粉体颗粒在压力和温度的双重作用下，粉末颗粒之间产生变形、压合及原子扩散、固溶、化合、熔接，形成外部轮廓与模腔形状一致的致密烧结坯体。热压烧结的致密化理论为：热压初期，颗粒相对滑动、破碎和发生塑性变形，类似于冷压过程中的颗粒重排，致密化速度主要取决于粉末的粒度、形状和材料的断裂及屈服强度；烧结中后期则以塑性流动为主要传质机制，依靠表面张力和外力使封闭的空隙收缩；在接近最终致密化阶段，则以受扩散控制的蠕变机制为主，致密化速度大大降低，直至坯体密度停止变化。

热压烧结时压制成形和烧结同时进行，高温下压制所需的成形压力低；而且在高温下持续有压力作用，扩散距离短，塑性流动过程加快，传质过程加快，热压烧结的烧结温度要比常规烧结温度低 150~200℃，保温时间也短；与常规烧结相比，热压烧结获得的坯体孔隙率低，相对密度高；同时因烧结温度低，时间短，晶粒不易长大，所获得坯体的晶粒比常规烧结要细小，相对力学性能高。热压烧结可以比常规烧结获得更为致密的坯体，材料性能更好，适用于高性能工件或高熔点金属的粉末冶金制造。

3. 热压烧结温度、压力对材料性能的影响

热压烧结温度和压力是影响粉末冶金材料性能的主要工艺参数，二者都是通过增加粉末冶金材料的致密度来提高其性能的。当温度一定时，随着烧结压力增大，材料的致密度增加，硬度也随之增加，但粉末冶金材料的致密度和硬度增大到一定程度后，就不再随压力的增加而变化；当压力一定时，随着烧结温度的提高，粉末冶金材料的致密度增加，硬度也随之增加。为了发挥热压烧结温度低的优势和受模具材料能够承受的压力的限制，通常温度和压力的调节范围不大。

粉末冶金的烧结温度与金属粉末的体系有关，对于单组元体系（纯金属或单一合金粉末），一般在其熔点温度以下进行烧结；对于由两种或两种以上的组分构成的多元烧结体系，一般应在熔点最低组元的熔点之下进行烧结。通常，粉末冶金的烧结温度为其主要组分熔点的 70%~80%，而热压烧结的温度更低一些，是常压烧结温度的 85%~90%。例如，A356 铝合金的熔点为 615℃，则其烧结温度为 528~640℃。

粉末冶金压制成形时，冷压压力一般小于材料的屈服强度，热压烧结压力一般为冷压压力的 1/10 左右。例如，A356 铝合金的屈服强度为 216MPa，则其冷压压力约为 200MPa，烧结压力约为 20MPa。在实际生产中，热压烧结压力需要根据工件的大小形状和性能要求进行调整。

4. 热压烧结设备及其操作

粉末冶金热压烧结设备常采用真空热压烧结炉，它主要由加热炉炉体、加热装置、加压装置、真空装置、模具和控制系统组成。加热炉炉体通常为圆柱形的双层壳体，大多采用耐热不锈钢制作，夹层内通冷却水，对炉壁、底部、炉门进行冷却。加热装置以电作为热源，加热元件有 SiC、MoSi2 或镍铬丝、铬铝丝、钼丝等。加压装置要求速度平缓、保压恒定、压力调节灵活，有杠杆式和液压式两种类型。根据材料性质的要求，炉体内可抽真空，也可通入还原气氛或惰性气氛。模具材料要求强度高、耐高温、抗氧化且不与热压材料黏结，可选用耐热合金钢、石墨、碳化硅、氧化铝、氧化锆、金属陶瓷等，使用最广泛的是石墨模具。控制系统可调节加热温度、成形压力、冷却水等。常用的热压烧结炉如图 2-46 所示。

图 2-46　HVRY-3 型热压烧结炉

真空热压烧结炉的主要操作流程如下：

1）粉体准备。称取所需质量的金属粉末，充分干燥后备用。

2）模具准备。本实验选择圆柱形石墨模具，模具内腔尺寸为 $\phi 15mm \times 40mm$。仔细清洁模具内表面，在压头接触面、模具内表面刷涂脱模剂。

3）模具装粉。在准备好的模具中先放入下压头，然后放入适量准备好的金属粉末，接着缓慢放入上压头并压紧。

4）模具安装。把装好金属粉末的模具放置于真空热压炉的加压压头下方，调整压头位置使其下方与模具接触，关闭炉门。

5）预压。松装的金属粉末中空气含量多，需要先施加一定压力进行预压，排出粉体内的空气，预压紧金属颗粒。预压压力为 8~10MPa。

6）气氛。预压结束后，关闭炉门。打开真空泵，打开真空阀，获取真空环境。在压力表显示-0.1MPa 后，打开真空计。打开扩散泵预热装置。继续用真空泵抽取真空，直至真空度低于 0.1Pa。在扩散泵预热时间达 50min 后，打开扩散泵，再打开蝶阀，抽取真空度到 5×10^{-3} Pa。依次关闭蝶阀、扩散泵、真空阀、真空泵。关闭真空计后，打开充气阀，充入保护气体氩气，至-0.5MPa。

7）热压烧结。设置一定的烧结温度、烧结压力进行试样的热压烧结。烧结过程中，试样逐步发生烧结、收缩，需要分段加压。在低温阶段，颗粒尚未发生塑性变形，不能施加太大的压力；而在高温阶段，颗粒收缩程度较大，不仅需要加大压力，而且必须保持一定时间。实验时要对温度和压力变化情况进行观察，并及时进行调整。

8）随炉冷却。保温结束后，关闭加热电源，炉冷至100℃以下，关闭冷却水开关。

9）脱模与取样。打开炉门，等炉内温度低于25℃后，升起压力机压头，将热压模具放置在顶出夹具上，放上顶出压头（直径略小）。然后降下压力机压头，将试样顶出模具。试样取出后，把模具整理好，放置在指定位置；关闭炉门，并抽真空至-0.1MPa。

2.7.4　实验内容

1）金属粉末热压烧结工艺参数设定：对铝合金（A356）粉末，烧结温度分别为 500℃、590℃、620℃，升温时间为 60min，保温时间为 40~60min，烧结压力分别为 20MPa、35MPa。

2）金属粉末在不同工艺参数下的热压烧结。

3）测试不同工艺参数下热压烧结试样的硬度。

注意：粉末冶金的金属粉末为 200 目铝合金（A356），试样尺寸为 $\phi15mm \times 20mm$，所需粉末的质量为其理论密度（ρ，g/cm^3）与试样体积（V，cm^3）的乘积，约为 15g，称取所需质量的粉末，充分干燥后备用；采用布氏硬度仪测试不同工艺条件下烧结试样的硬度。

2.7.5 实验报告要求

1）写出实验目的。

2）写出实验原理及内容。

3）记录实验数据，填写表 2-14。

表 2-14 铝合金（A356）粉末材料的热压烧结实验记录

烧结温度/℃ 硬度 HBW 烧结压力/MPa	500	520	550℃
20			
35			

4）分析烧结温度和压力对粉末冶金 A356 铝合金性能的影响。

5）简答：热压烧结法制备的试样为什么具有较高的力学性能？

6）分析真空热压烧结工艺的适用范围。

2.8 实验八 粉末冶金材料的密度与孔隙率测试

2.8.1 实验目的

1）了解粉末冶金材料的密度和孔隙率的物理意义及计算方法。

2）掌握粉末冶金材料的密度和孔隙率的测试原理和方法。

2.8.2 实验设备及试样

1）设备：密度测量仪、分析天平、石蜡槽、烘箱等。

2）试样：烧结后的铜基轴承合金 ZQPb30（铅的质量分数为 30%）和 ZQPb25-5（铅的质量分数为 25%，锡的质量分数为 5%）。

2.8.3 实验概述

粉末冶金方法制备的材料与液态成形的材料不同，粉末冶金材料存在一定的孔隙，其密度也低于理论密度，对材料的性能影响较大。因此，需要对粉末冶金材料的密度、孔隙率进行测定。

1. 粉末冶金材料的理论密度

粉末冶金材料的理论密度与各组分的理论密度有关，假设合金由 n 种组元构成，各种组

元的理论密度为 $\rho_i(i=1\sim n)$，其质量分数分别为 $b_i(i=1\sim n)$，则该粉末冶金材料的理论密度 ρ_0 为

$$\rho_0 = \frac{1\cdot}{\sum\limits_{i=1}^{n}\dfrac{b_i}{\rho_i}} \tag{2-1}$$

当粉末冶金材料的组元为两种时，材料的理论密度计算公式简化为

$$\rho_0 = \frac{\rho_1\rho_2}{b_1\rho_2 + b_2\rho_1} \tag{2-2}$$

2. 粉末冶金材料实际密度的测量

粉末冶金材料的密度的测量一般是基于阿基米德原理，采用真空浸渍法测定。首先将清洗干净的试样在空气中称重，接着在真空状态下浸渍熔融石蜡、石蜡-泵油、油等液体介质，使烧结体的开孔隙饱和或者堵塞后取出试样，除去表面的多余介质，接着在空气中称重，然后在水中称重。最后，按照式（2-3）计算烧结试样的实际密度

$$\rho = \frac{W_1\rho_{\text{L}}}{W_2 - W_3} \tag{2-3}$$

式中　ρ——试样的实际密度（g/cm^3）；

ρ_{L}——称重时所用液体的密度，如果用蒸馏水，则 $\rho_{\text{L}} = 1g/cm^3$；

W_1——试样在空气中的质量（g）；

W_2——浸渍后的试样在空气中的质量（g）；

W_3——浸渍后的试样在水中的质量（g）。

3. 粉末冶金材料孔隙率的计算

粉末冶金材料一般是金属和孔隙的复合体，孔隙是粉末冶金材料的固有特性，孔隙率显著影响粉末冶金材料的力学、物理、化学和工艺性能，由于孔隙的存在，多孔材料具有较大的比表面积和优良的透过性能，且具有易压缩变形、吸收能量高和质量小等特点。用粉末冶金法制备的材料，可以有效地控制其孔隙率、孔径及其分布，并且可以在相当宽的范围内对其进行调整。

孔隙率的测定也是控制粉末冶金材料质量的主要方法之一，与测量密度的方法一致，测定密度后计算孔隙率。

粉末冶金试样的孔隙率可以根据上述测定的试样实际密度，用式（2-4）计算得出

$$A = \left(1 - \frac{\rho}{\rho_0}\right) \times 100\% \tag{2-4}$$

式中　ρ——试样的实际密度（g/cm^3）；

ρ_0——试样材料的理论密度（g/cm^3）；

A——试样的总孔隙率。

孔隙率也可以采用显微镜法定量估算。

4. 密度测量仪及其使用方法

测量粉末冶金材料的密度（孔隙率）时采用密度测量仪，如图 2-47 所示。粉末冶金材料密度的测量过程如下：

1）将试样放在测量台上，测量试样在空气中的质量 W_1。

2）将试样在石蜡槽中浸渍封闭并干燥后放在测量台上，测量浸渍后的试样在空气中的质量 W_2。

3）将浸渍后的试样完全浸入水中，测量浸渍后的试样在水中的质量 W_3。

4）按式（2-3）计算试样的实际密度。

图 2-47　密度测量仪

2.8.4　实验内容

1）计算 ZQPb30 和 ZQPb25-5 轴承合金粉末冶金试样材料的理论密度。

2）测量 ZQPb30 轴承合金粉末冶金试样材料的实际密度及孔隙率。

3）测量 ZQPb25-5 轴承合金粉末冶金试样材料的实际密度及孔隙率。

2.8.5　实验报告要求

1）写出实验目的。

2）写出实验原理及内容。

3）计算 ZQPb30 和 ZQPb25-5 轴承合金粉末冶金试样材料的理论密度。

4）记录实验数据，计算有关数据，填写表 2-15。

表 2-15　实验测量数据及实际密度和孔隙率的计算数据

材料	理论密度 ρ_0 /（g/cm³）	测量次数	测量质量			实际密度 ρ /（g/cm³）	实际密度 ρ 的平均值 /（g/cm³）	孔隙率 A （%）
			W_1	W_2	W_3			
ZQPb30		1						
		2						
		3						
ZQPb25-5		1						
		2						
		3						

5）简答：粉末冶金试样的孔隙率是指什么？

6）分析粉末冶金试样的密度及孔隙率的影响因素。

7）分析影响粉末冶金试样的密度及孔隙率测量精度的因素。

2.9　实验九　冷却速度对金属铸造组织的影响

2.9.1　实验目的

1）了解冷却速度对金属铸件凝固时间的影响。

2）掌握冷却速度对金属铸件凝固组织的影响规律。

3）了解冷却速度对铸件性能的影响。

2.9.2　实验设备及试样

1）设备：砂型、金属型，感应熔炼炉，镶嵌机、抛光机等制样设备，金相显微镜，硬度试验机。

2）试样：ZL201 铝合金铸锭及各种熔炼辅助材料。

2.9.3　实验概述

1. 铸件凝固时间的计算

铸件的凝固时间一般是指液态金属充满型腔后至凝固完毕所需要的时间（准确的凝固时间是指凝固开始到凝固结束的时间，凝固开始时间不便确定，但接近金属液充满型腔时），凝固速度是指单位时间内凝固层增加的厚度。在过热度一定的情况下，铸件的凝固时间取决于其凝固速度，凝固速度越快，则凝固时间越短，则凝固速度越快。

确定凝固时间可控制凝固速度，从而控制凝固组织。另外，在设计冒口和冷铁时确定铸铁凝固时间可以保证冒口和冷铁尺寸合适、布置合理；对于大型或重要的铸件，确定凝固时间可控制打箱时间。确定铸件凝固时间的方法有试验法、数值模拟法和计算法。这里仅以无限大平板铸件为例阐述凝固时间的计算方法。

（1）理论计算法　由铸型温度场，根据傅里叶定律计算比热流并积分，按照铸型通过整个工作表面积 A_1 在时间 τ 内所吸收的总热量与同一时间内铸件放出的热量（包括放出的潜热）相等，可得

$$\sqrt{\tau} = \frac{\sqrt{\pi} V_1 \rho_1}{2 b_2 A_1} \frac{L + c_1 (T_p - T_S)}{T_i - T_{20}} \tag{2-5}$$

其中

$$b_2 = \sqrt{\lambda_2 \rho_2 c_2} \tag{2-6}$$

式中　τ——凝固时间；

V_1——铸件的体积；

A_1——铸型工作表面积；

ρ_1——铸件材料的密度；

c_1——铸件材料的比热容；

T_p——浇注温度；

T_S——固相线温度；

λ_2——铸型的热导率 [W/（m·℃）]；

T_{20}——铸型的初始温度；

c_2——铸型的比热容；

ρ_2——铸型材料的密度；

L——结晶潜热；

T_i——铸型内表面温度。

在计算铸件温度时，为了便于数学处理做了许多假设，因此计算出来的凝固时间是近似

的，仅供参考。由于该理论计算方法的计算过程较为复杂，在实际中应用较少。

（2）经验计算法——平方根定律　由于在时间 τ 内，单位面积铸型从铸件吸收的热量与铸件凝固层厚度放出的热量相等，因此，可计算出时间 τ 内无限大平板铸件的凝固层厚度 ξ 为

$$\xi = \frac{2b_2(T_i - T_{20})}{\sqrt{\pi}\rho_1[L + c_1(T_p - T_S)]}\sqrt{\tau} \tag{2-7}$$

令

$$K = \frac{2b_2(T_i - T_{20})}{\sqrt{\pi}\rho_1[L + c_1(T_p - T_S)]}$$

则有

$$\tau = \frac{\xi^2}{K^2} \tag{2-8}$$

这就是著名的平方根定律的数学表达式，即凝固时间与凝固层厚度的平方成正比，K 为凝固系数，可由实验测得。表 2-16 中列出了几种材质的凝固系数。

表 2-16　几种材质的凝固系数 K

材　质	铸　型	$K/\mathrm{cm \cdot min^{-1/2}}$
灰铸铁	砂型	0.72
	金属型	2.2
可锻铸铁	砂型	1.1
	金属型	2.0
铸钢	砂型	1.3
	金属型	2.6
黄铜	砂型	1.8
	金属型	3.6
	水冷金属型	4.2
铸铝	砂型	1.6
	金属型	3.1

（3）模数法　在平方根定律中引入模数 R 的概念，即

$$R = V/A \tag{2-9}$$

式中　R——铸件的模数；

$\quad\quad V$——铸件的体积；

$\quad\quad A$——铸件的有效散热面积。

因此，平方根定律又可以表达为

$$\tau = \frac{R^2}{K^2} \tag{2-10}$$

采用模数估算铸件凝固时间的方法称为模数法。模数法考虑了铸件结构形状的影响，使计算结果更接近实际情况。由模数法可知，即使铸件的体积和质量相同，如果其几何形状不同，则铸件的模数和凝固时间均不相等。而无论铸件的体积和形状如何，只要其模数相等，

则凝固时间相近。应用模数法计算铸件的凝固时间时，可将复杂的铸件简化为平板、圆柱、球、长方体及立方体的组合，分别计算各简单体的凝固时间，再转化为铸件的凝固时间。常见铸件形状的模数见表 2-17。

表 2-17　常见铸件形状的模数

形状	示意图	体积 V	面积 A	模数 R
平板		$1\text{cm}^2 \times \delta$	2cm^2	$\delta/2$
长杆		$a \times b \times 1\text{cm}^3$	$2(a \times 1 + b \times 1)\ \text{cm}^2$	$\dfrac{ab}{2(a+b)}$
立方体 内接圆柱体 球体		a^3 $a^3\pi/4$ $a^3\pi/6$	$6a^2$ $3a^2\pi/2$ $a^2\pi$	$a/6$ $a/6$ $a/6$
长方体		abc	$2(ab+bc+ca)$	$\dfrac{abc}{2(ab+bc+ca)}$
圆柱体		$\pi r^2 h$	$2\pi r^2 + 2\pi rh$	$\dfrac{rh}{2(r+h)}$

模数法是一种近似计算方法，对于大平板类铸件较为准确。对于短而粗的杆、立方体、圆柱体、球形铸件，由于边缘和棱角散热效应的影响较大，计算结果一般要比实际凝固时间长 10%~50%。

在实际生产中，为了控制铸件的凝固方向，并不需要计算出铸件结构上各部分的凝固时间，只比较它们的模数，根据式（2-10）即可知道各部分的凝固时间。然后，通过放置冷铁、增加冒口等方式控制铸件的整体凝固顺序，从而保证铸件的整体质量。

2. 铸件平均冷却速度计算

铸件的凝固时间可以用上述方法进行理论计算，也可以通过测量铸件浇注后温度随时间的变化曲线，即冷却曲线而得到，从冷却曲线上得到的从浇注到结束凝固的时间即为凝固时间。

冷却曲线上某一时刻的切线斜率即为该时刻铸件的即时冷却速度。但是，大多数情况下铸件的冷却曲线是非线性的，利用曲线斜率表征冷却速度不易操作。铸件凝固时的平均冷却速度是指铸件从浇注到结束凝固的冷却过程中，单位时间内温度降低的值，即铸件由浇注温度降低到凝固温度的温度差与凝固时间的比值，单位是 K/s（或℃/s）。因此，根据铸件浇注温度 T_p，从冷却曲线得到的铸件凝固温度 T_s，以及从冷却曲线得到的凝固时间 τ，可以计算出铸件凝固的平均冷却速度为

$$\dot{T} = \frac{T_p - T_s}{\tau} \tag{2-11}$$

式中　　$\dot{T}$ 是铸件的平均冷却速度；T_p 是铸件的浇注温度；T_s 是铸件的凝固温度；τ 是铸件的凝固时间。

3. 冷却速度对铸件组织和性能的影响

冷却速度对铸件的影响主要表现在组织的细化与性能的提高。铸件的冷却速度越快，过冷度越大，形核率越高，金属凝固后得到的晶粒越小。晶粒细化后对铸件的力学性能有较大影响。具有细小晶粒组织的铸件由于晶界面数量较多，对变形的阻碍较大，使得铸件的强度和硬度得到提高。而且具有细小晶粒组织的铸件，其塑性和韧性也比较好，原因在于晶粒越细小，单位体积内的晶粒数目越多，在同样的变形条件下，变形量被分散到更多的晶粒内，各晶粒的变形比较均匀而不至于产生应力集中，因此可产生更大的变形量，表现出较高的塑性和韧性。在生产实践中，通常通过采用适当方法获得细小晶粒来提高材料的强度，这种强化金属材料的方法称为细晶强化。

4. 温度记录仪及冷却曲线的绘制

铸件凝固过程中温度的变化一般采用多通道温度记录仪记录。常用的温度记录仪为 16 通道或 32 通道，可同时测量 16 个或 32 个位置的温度变化。图 2-48 所示为数显式 16 通道温度记录仪。测温部件大多为热电偶。

温度记录数据中包含温度和时间信息，可以获得铸件在某一时刻的温度，从而可以绘制温度与时间的关系曲线，即冷却曲线。

使用温度记录仪时，首先根据需要把热电偶分散放置在铸件的不同部位，然后打开温度记录仪，检查热电偶示温是否正常，温度显示正常后按"开始"键，即可记录温度。温度记录完毕

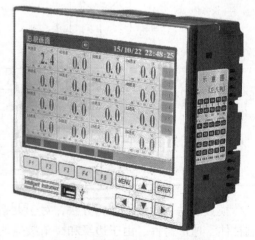

图 2-48　数显式 16 通道温度记录仪

后按"查看"键，可查看温度变化。也可用 U 盘将数据复制到计算机中进行数据处理。

注意：实验前要准备好圆柱形试样的砂型、金属型，包括铸型的干燥与内表面清洁工

作，准备温度记录仪，记录合金浇注后铸型中的温度变化；在感应熔炼炉中熔炼 ZL201 铝合金，温度为 760℃，保温 30min 后，分别浇注在砂型和金属型中；测量凝固后铸件的几何尺寸以计算其模数；将两种铸型的铸件制备成金相试样，观察和测试其晶粒尺寸；采用布氏硬度计测试两种铸件试样的硬度。

2.9.4　实验内容

1）圆柱形铸件的砂型及金属型铸造。

2）测试圆柱形铸件的砂型及金属型铸造过程中的冷却曲线。

3）根据冷却曲线，确定砂型及金属型铸造两种冷却方式（冷速）下铸件的凝固时间。

4）根据冷却曲线，确定砂型及金属型铸造两种冷却方式（冷速）下铸件的凝固温度，计算铸件的冷却速度。

5）砂型及金属型铸造圆柱形铸件的组织观察。

6）砂型及金属型铸造圆柱形铸件的硬度测试。

2.9.5　实验报告要求

1）写出实验目的。

2）根据记录测试的砂型及金属型铸造的合金的冷却曲线，确定两种冷却方式的铸件凝固时间和冷却速度。

3）根据凝固后铸件的几何尺寸计算模数；计算铸件的凝固时间，并与测定的凝固时间进行对比。

4）将实验测试数据及计算数据填入表 2-18。

表 2-18　冷却速度（冷却方式）对金属铸造组织的影响实验记录

试样　　　　项目　　　冷却方式	凝固时间/s			凝固温度/℃	浇注温度/℃	冷却速度/(℃/s)	晶粒尺寸/μm	硬度HBW
	测量值	模数法计算值						
		模数	凝固时间					
砂型凝固								
金属型凝固								

5）分析比较两种冷却方式所得铸件的晶粒大小。

6）分析比较两种冷却方式所得铸件的布氏硬度。

7）分析用模数法计算的铸件凝固时间与测量的凝固时间存在差别的原因。

8）分析比较冷却速度对铸件凝固组织和力学性能的影响。

9）分析影响铸件冷却速度的因素。

2.10　实验十　低碳钢焊接接头组织观察及分析

2.10.1　实验目的

1）了解低碳钢工件的焊接方法及焊接过程。

2）掌握低碳钢焊接接头各区域的组织特征。

3）了解焊接参数对低碳钢焊接接头组织的影响。

2.10.2 实验设备及试样

1）设备：电弧焊焊机、金属切割机、镶嵌机、抛光机、金相显微镜等。

2）试样：低碳钢钢板（厚度为5mm左右的20钢）、低碳钢焊接接头试样、金相砂纸、抛光膏、腐蚀液（4%硝酸酒精）、无水乙醇、脱脂棉等。

2.10.3 实验概述

焊接接头是两块被焊母材相互连接的地方。焊接过程中，焊接接头的不同部位经历了不同的热循环，因而得到的组织各不相同，而组织的差异导致了力学性能的不同。借助金相显微镜或电子显微镜观察分析焊接接头中焊缝组织的结晶形态、焊缝热影响区的组织特征，是鉴定焊接接头力学性能时不可缺少的环节。

1. 低碳钢焊接接头的组织

焊接接头由熔化焊焊接结束后，熔池凝固形成焊缝。焊缝附近的部位因焊接热温度升高，使得冷却后的组织和性能发生变化，这一区域称为焊接热影响区。焊缝与热影响区之间有一个极窄的过渡区，称为熔合区。低碳钢焊接接头主要由焊缝、熔合区和热影响区组成，如图2-49所示。

（1）焊缝的组织及性能　焊接时，焊缝区的加热温度在液相线之上而形成了熔池，焊缝是熔池金属冷却结晶形成的。结晶时以熔池与母材交界处半熔化状态的母材金属晶粒为结晶核心，沿垂直于散热面的反方向生长，成为柱状晶的铸态组织，晶粒较粗，组织不致密，而且冷却速度较快，成分来不及扩散均匀，使焊缝中心区形成硫、磷等低熔点杂质的偏析，有些焊缝在凝固后期还可能产生热裂纹。

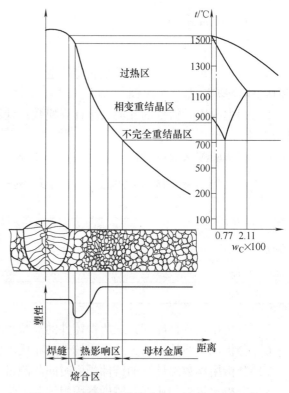

图2-49　低碳钢焊接接头各区域的温度与组织

通过焊条或焊丝在焊缝中加入钛、钒、钼等元素，可形成弥散分布的外来晶核，使焊缝晶粒细化；通过焊后热处理也可细化焊缝组织。这些措施均可提高焊缝的力学性能。

焊缝金属虽然存在组织缺陷，但由于焊条或焊丝本身杂质含量低，含有较多有益的合金元素，使焊缝的化学成分优于母材，因此，其力学性能一般不低于母材。

（2）熔合区的组织及性能　焊接时熔合区的温度在液相线与固相线之间，该区很窄，宽度只有0.1~0.4mm，金属呈半熔化状态。熔合区的成分和组织都很不均匀，组织为粗大的铸态组织和过热组织，力学性能很差，是焊接接头中最薄弱的区域，常常是焊接裂纹的发源地。

（3）热影响区的组织及性能　按受热温度及组织变化不同焊接热影响区分为过热区、相变重结晶区（正火区）和不完全重结晶区（部分正火区）。

1）过热区。焊接时该区温度在 1100℃ 与固相线之间，高温使奥氏体晶粒过热长大，冷却后组织也粗大，使金属的塑性和韧性明显下降，因此，过热区也是焊接接头的薄弱区。

2）相变重结晶区。焊接时该区温度在 Ac_3 与 1100℃ 之间，对应于正火的加热温度，组织发生相变重结晶，即加热时组织转变为细小的奥氏体晶粒，冷却后得到由均匀细小的铁素体和珠光体组成的正火组织。其力学性能高于母材，是焊接接头中性能最好的区域。

3）不完全重结晶区。焊接时该区温度在 Ac_1 与 Ac_3 之间，部分组织发生相变重结晶，变为均匀细小的珠光体，其他部分的组织（铁素体）不发生变化。因此该区的组织不均匀，力学性能稍差。

为保证焊接接头的性能，应尽量减小熔合区和过热区（或淬火区）的宽度，或减小焊接热影响区的总宽度。

2. 焊接接头组织的影响因素

（1）被焊金属　在实际的焊缝中，由于被焊金属的成分、板厚、接头形式和熔池的散热条件不同，一般不具备上述焊缝及熔合区的结晶形态。当焊缝金属的成分较为简单时，熔合区将出现平面晶或胞状晶；当焊缝金属中的合金元素较多时，熔合区的结晶形态往往是胞状树枝晶或树枝状晶，焊缝中心则为等轴晶。

（2）焊接方法　采用不同的焊接方法时，焊接热影响区的宽度不同，表 2-19 所列为焊接低碳钢时不同焊接方法的热影响区宽度。减小焊接热影响区宽度的措施：选用热量集中的焊接方法，如埋弧焊；或者选用焊接热量更集中的先进焊接方法，如真空电子束焊、等离子焊、激光焊等。

表 2-19　焊接低碳钢时不同焊接方法的热影响区宽度 （单位：mm）

焊接方法	各区平均尺寸			热影响区总宽度
	过热区	相变重结晶区	不完全重结晶区	
焊条电弧焊	2.2~3.0	1.5~2.5	2.2~3.0	5.9~8.5
埋弧焊	0.8~1.2	0.8~1.7	0.7~1.0	2.3~3.9
CO_2 气体保护焊	1.5~2.0	2.0~3.0	1.5~3.0	5.0~8.0
电渣焊	18~20	5.0~7.0	2.0~3.0	25~30
气焊	21	4.0	2.0	27

（3）焊接参数　提高焊接速度或减小焊接电流，以减少焊接热量输入，可减小焊接热影响区的宽度，改善焊缝及热影响区的组织。

（4）焊后热处理　受焊接材料及焊接方法的影响，工件焊接后在焊缝附近易形成硬脆的马氏体组织，易造成晶粒粗大、焊接应力等焊接缺陷，为消除焊接组织缺陷，常采用的热处理工艺有：高温退火以消除焊缝的马氏体组织，改善焊接接头的硬脆性，提高强度及韧性；正火以细化焊缝热影响区的粗大组织，提高材料的力学性能；去应力退火（高温回火）以降低焊接处的残余应力，稳定组织状态，提高不锈钢等材料的耐蚀性。

3. 低碳钢工件焊接设备及其操作

低碳钢焊接接头制备采用焊条电弧焊焊机，型号为 ZX7-200E，如图 2-50 所示。

操作焊条电弧焊焊机时，首先将拼装好的工件与焊机阳极相连，然后把焊条（J422，ϕ4.0mm）固定在焊钳上，选择合适的电流进行焊接。

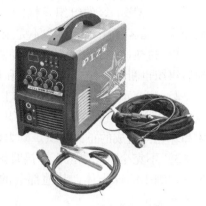

2.10.4 实验内容

1）5mm 厚的 20 钢板焊条电弧焊。

2）分析焊接参数（如焊接电流）对焊接接头性能的影响。

3）焊接接头组织观察及测试。

注意：将两块 20 钢钢板对接焊接以制作焊接接头，焊接电流分别为 100A 和 150A；将焊接接头制作成金相

图 2-50 焊条电弧焊焊机

试样，采用金相切割机，在低碳钢焊缝上沿垂直于焊缝的方向切割成 15mm×5mm 的试样，镶嵌、磨制、抛光、浸蚀、水洗、吹干；采用金相显微镜对接头金相试样的组织进行观察，分析焊接接头各区域的组织特征；在显微镜下测量焊接接头各区域的宽度及焊接热影响区的总宽度。如果实验时间不够，可以直接用事先制备好的这两种焊接接头金相试样进行观察。

2.10.5 实验报告要求

1）写出实验目的。

2）记录表 2-20 中不同焊接电流时低碳钢焊接接头各区宽度及组织。

3）绘制低碳钢焊接接头中焊缝区及热影响区的组织。

4）比较用 100A 、150A 两种焊接电流制备的低碳钢焊接接头组织，分析焊接电流对焊接接头组织的影响。

5）分析 20 钢焊接接头中焊缝的组织特征，说明其影响因素。

6）分析 20 钢焊接接头中焊接热影响区的组织特征，说明其影响因素。

表 2-20　低碳钢焊接接头各区宽度及组织

焊接电流/A	焊缝区		焊接热影响区	
	宽度/mm	组织组成物	宽度/mm	组织组成物
100				
150				

第3章　工程材料创新综合实验

3.1　实验一　钢铁材料的成分鉴别

3.1.1　实验目的

1）了解钢铁材料成分鉴别的各种常用方法，如火花鉴别法、金相组织鉴别法、硬度鉴别法、断口鉴别法等。

2）熟悉钢铁材料的火花鉴别法，掌握几种常用钢材的火花特征。

3）了解钢铁材料的硬度鉴别方法。

4）了解钢铁材料的组织鉴别方法。

3.1.2　试验设备及试样

1）设备：砂轮机，粒度为36~60的氧化铝砂轮一个，热处理加热炉，淬火水槽、热处理钳等，金相显微镜，金相制样的全套设备及用具，钢铁材料的火花图。

2）试样：20钢、45钢、T12钢、HT200断口试样及圆棒试样。

3.1.3　实验概述

由于种种原因，工厂中的钢铁材料常会出现堆放混乱的情况，需要鉴别混放的钢铁材料。钢铁材料从外观颜色上看差别很小，很难区分，但借助一些简单的实验即可快速对其进行成分鉴别，常用方法有火花鉴别法、金相组织鉴别法等。

1. 火花鉴别法

火花鉴别法是将钢铁材料轻轻地压在旋转的砂轮上进行打磨，观察迸射出的火花形状和颜色，以判断钢铁成分范围的方法，如图3-1所示。进行火花鉴别时，以适当的压力将需鉴别的钢材作用在高速旋转的砂轮上，在砂轮的磨削作用下，把钢材粉粒从钢表面磨削下来，并沿着砂轮的切线方向抛射。由于磨削作用使得飞出的金属粉粒处于高温状态，从而发热、发光，形成一道光的流线。一些熔融状的粉粒被空气中的氧气氧

图3-1　钢铁材料的火花鉴别法

化，形成一层 FeO 薄膜包裹在粉粒表层，而钢材粉粒中的碳在高温下极易与 FeO 发生反应，即 $FeO+C \rightarrow Fe+CO$，使 FeO 被还原，生成的 Fe 将再次被氧化，然后再次被还原。这种氧化-还原反应循环进行，会不断产生 CO 气体，当 CO 气体的压力超过金属粉粒的表面张力时，

就会有爆裂现象发生并形成火花。爆裂的碎粒若仍残留有未参加反应的 FeO 和 C，则将继续发生反应，从而出现二次、三次或多次爆裂火花。钢中的碳是形成火花的基本元素，当钢中含有锰、硅、钨、铬、钼等元素时，它们的氧化物将影响火花的线条、颜色和状态。因此，可以根据火花的这种特征，判断出钢材的含碳量及所含有的其他元素。

火花呈一束流线状，每条流线都由节点、爆花和尾花组成，如图 3-2 所示。流线上粗且明亮的点称为节点，是流线在抛射中途爆炸的地方。而由此节点处产生的一些细线条为芒线。

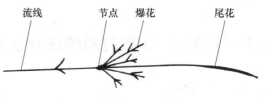

图 3-2　火花流线的组成

（1）钢的火花特征　碳钢的含碳量越高，则流线越多，火花束变短，爆花增加，花粉也增多，火花亮度提高。20 钢的火花束长，颜色橙黄带红，流线呈弧形，芒线分叉，为一次爆花，如图 3-3a 所示。45 钢的火花束稍短，颜色橙黄，流线较细长而多，芒线多叉，花粉较多，为二次爆花，如图 3-3b 所示。T12 钢的火花束短粗，颜色暗红，流线细密，碎花、花粉多，为多次爆花，如图 3-3c 所示。

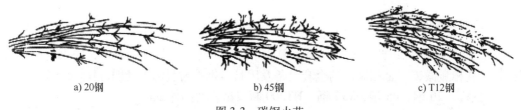

a) 20钢　　　　　　　　b) 45钢　　　　　　　　c) T12钢

图 3-3　碳钢火花

（2）铸铁的火花特征　铸铁的火花较粗，颜色多为橙红带桔红，流线较多，尾部渐粗，下垂成弧形，一般为二次爆花，花粉较多，火花试验时手感较软，如图 3-4 所示。

火花鉴别在手提砂轮机或者固定砂轮机上进行。对砂轮机的要求：转速一般控制在 46~60r/s，砂轮片采用 36 号~60 号普通氧化铝砂轮，可以选用

图 3-4　铸铁（HT200）火花示意图

ϕ150mm×25mm 的规格。为了更好地进行观察，看清火花色泽及清晰度，操作时应选择光线不是太亮的场地，操作者应做好安全保护，佩戴平光眼镜，防止飞溅的火花伤到眼睛。为了更准确地进行鉴别，鉴别场地中，应备好各种钢号的钢料，以便进行对比，提高判断的准确性。

2. 金相组织鉴别法

退火状态的钢随含碳量不同，组织也不同。$w_C = 0.20\% \sim 0.77\%$ 的钢组织由铁素体+珠光体组成，且含碳量越高，组织中的珠光体含量越高，如图 3-5a、b 所示的 20 钢和 45 钢退火组织。$w_C = 0.77\%$ 的钢组织为珠光体，如图 3-5c 所示的 T8 钢退火组织。$w_C = 0.77\% \sim 2.11\%$ 的钢组织为珠光体+二次渗碳体，如图 3-5d 所示的 T12 钢退火组织。

与钢相比，铸铁的组织特点是含有石墨。普通灰铸铁、蠕墨铸铁、可锻铸铁、球墨铸铁

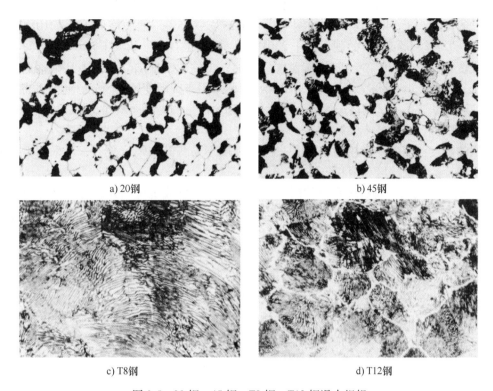

a) 20钢

b) 45钢

c) T8钢

d) T12钢

图 3-5　20 钢、45 钢、T8 钢、T12 钢退火组织

的石墨形状分别为片状、蠕虫状、絮状、球状，如图 3-6 所示。

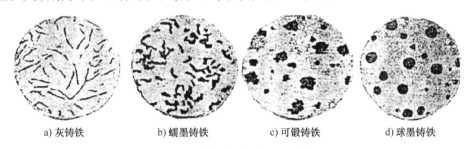

a) 灰铸铁　　　　b) 蠕墨铸铁　　　　c) 可锻铸铁　　　　d) 球墨铸铁

图 3-6　不同铸铁组织中石墨形状比较

3. 其他鉴别方法

除上述两种比较简便、准确的鉴别方法外，还有化学分析鉴别法、硬度鉴别法、断口鉴别法、音响鉴别法等。

（1）化学分析鉴别法　钢铁中的总含碳量一般是在特定的钢铁定碳仪中，采用气体容量法分析得到的。其本质是使钢铁试样在不断通入氧气流的管式炉中，在 $1150 \sim 1250℃$ 的高温下燃烧，钢或铁中的碳氧化生成 CO_2，硫氧化生成 SO_2。使用脱硫剂（活性 MnO_2）除去 SO_2，测出 CO_2 和 O_2 混合气体的体积，然后使混和气体与 KOH 溶液接触，CO_2 将被 KOH 吸收，从而可测出 O_2 的体积，两次测得的体积之差即为 CO_2 的体积，由 CO_2 的体积可计算出钢铁中的总含碳量。

（2）硬度鉴别法　含碳量不同的钢硬度不同。退火状态下，碳素结构钢中低碳钢（$w_C < 0.25\%$）的硬度小于140HBW，中碳钢（$w_C = 0.25\% \sim 0.5\%$）的硬度为 $180 \sim 210$HBW，高碳钢（$w_C = 0.5\% \sim 0.65\%$）的硬度大于230HBW，碳素工具钢（$w_C = 0.7\% \sim 1.3\%$）在退火状态下硬度为 $180 \sim 220$HBW。而且随含碳量增加，钢的硬度增加。由于中高碳钢退火状态和碳素工具钢球化退火状态的硬度差别不大，因此采用布氏硬度较难区分。此时可将各种钢淬火，在淬火状态下测试其洛氏硬度，硬度值将随含碳量的提高而增加，从而可鉴别钢的含碳量的相对高低。

铸铁的硬度范围为 $140 \sim 270$HBW，只测试硬度不易将其与钢区分开，可采用下面的断口鉴别法和音响鉴别法区分钢和铸铁。

（3）断口鉴别法　材料或零部件因受某些物理、化学或机械因素的影响而导致断裂所形成的自然表面称为断口。生产现场常根据断口的自然形态判定材料的韧脆性，也可据此判定相同热处理状态的材料的含碳量高低。若断口呈纤维状，无金属光泽，颜色发暗，无结晶颗粒，且断口边缘有明显的塑性变形特征，则表明钢材具有良好的塑性和韧性，含碳量较低；若材料断口齐平，呈银灰色，且具有明显的金属光泽和结晶颗粒，则表明材料属脆性断裂，如铸铁断口；过共析钢或合金钢经淬火+低温回火后，断口常呈亮灰色，具有绸缎光泽，类似于细瓷器的断口特征。

（4）音响鉴别　生产现场有时也可采用敲击辨声的方法来区分材料。例如，当原材料钢中混入铸铁材料时，由于铸铁的减振性较好，敲击时声音较低沉，而敲击钢材时则会发出较清脆的声音。因此，可根据敲击钢铁时声音的不同，对其进行初步鉴别，但有时准确性不高。而当钢材之间发生混淆时，因其声音比较接近，常需采用其他鉴别方法进行判别。

3.1.4　实验内容

1）观察断口鉴别钢与铸铁。观察20钢、45钢、T12钢、HT200断口试样，将三种钢和铸铁区分开。

2）采用火花鉴别法区分各种含碳量的钢及铸铁。观察20钢、45钢、T12钢、HT200的火花束，将四种材料鉴别出来。

3）采用硬度鉴别法区分20钢、45钢、T12钢。先按断口区分出钢和铸铁，然后对三种钢进行淬火并测定淬火后的硬度，从而鉴别出三种钢。

4）采用金相组织鉴别法区分20钢、45钢、T12钢、HT200。将四种试样制成金相试样，观察其组织，检验之前用火花鉴别法和硬度鉴别法鉴别材料的准确度。

3.1.5　实验报告要求

1）写出实验目的。

2）描述碳钢和铸铁的断口特征。

3）记录20钢、45钢、T12钢、HT200四种材料的火花特征。

4）比较20钢、45钢、T12钢三种钢淬火态下的硬度值，画出硬度与含碳量的关系曲线。

5）说明20钢、45钢、T12钢、HT200四种材料的金相组织特征，并画出示意图。

6）将实验数据及实验结果填入表3-1中。

表 3-1 钢铁材料的成分鉴别实验记录

	断口特征	火花特征	组织特征	淬火硬度
20 钢				
45 钢				
T12 钢				
HT200				

3.2 实验二 淬火、回火热处理工艺对钢组织性能的影响

3.2.1 实验目的

1）掌握 45 钢及 T12 钢淬火、回火工艺的制订方法及操作步骤。

2）了解不同淬火、回火热处理工艺对 45 钢组织的影响。

3）了解不同淬火、回火热处理工艺对 T12 钢性能的影响。

3.2.2 试验设备及试样

1）设备：热处理电阻炉（加热温度为 1000℃、860℃、780℃的电阻炉各一台，加热温度为 200℃、400℃、600℃的电阻炉各一台），热处理钳、手套等，预磨机（砂纸），洛氏硬度计两台，金相显微镜，金相制样全套设备及用具。

2）淬火液：普通自来水、10%NaCl 水溶液、淬火油。

3）试样：45 钢、T12 钢试样各 8 个。

3.2.3 实验概述

对钢施加不同的淬火、回火热处理工艺，得到的组织和性能各异。本实验的目的是对选定的钢材（45 钢、T12 钢）进行不同的淬火、回火热处理，系统地研究热处理工艺对钢的金相组织及性能（硬度）的影响。钢的淬火、回火热处理工艺的制订包括以下内容。

1. 淬火加热温度的确定

确定淬火加热温度的依据是钢的成分所对应的淬火临界温度，常用碳钢的淬火临界温度见表 2-8。对于亚共析钢、共析钢及过共析钢来说，确定淬火加热温度时要依据不同的工艺原则。

亚共析钢的淬火温度是 $Ac_3+30\sim50℃$。当淬火温度过高时，会使淬火后得到的马氏体组织明显粗大，材料的力学性能将变差；当淬火温度低于 Ac_3 时，淬火后的组织中将含有未溶的自由铁素体，使淬火后的钢材硬度下降。

共析钢及过共析钢的淬火温度是 $Ac_1+30\sim50℃$，通过控制二次碳化物溶入奥氏体中的量（即控制淬火加热温度），可以控制马氏体的形态。当淬火温度过高，如高于 Ac_{cm} 温度时，会使马氏体组织粗大和残留奥氏体量明显增多，导致力学性能变差，与此同时，还增加了淬火应力，使得变形及开裂倾向加大。

2. 淬火保温时间的确定

淬火加热及保温时间 τ 的计算公式为：

$$\tau = \tau_1 + \tau_2 + \tau_3$$

式中　τ_1——工件入炉后达到指定温度所需的时间；

　　　τ_2——工件透烧（工件表面温度至心部温度相同）的时间；

　　　τ_3——组织转变所需时间。

生产实践中，箱式电阻炉加热时间的经验数据见表 3-2。

表 3-2　箱式电阻炉加热时间的经验数据

加热温度/℃	加热时间/（min/mm）		
	圆形钢件	方形钢件	薄板钢件
600	2.0	3.0	4.0
700	1.5	2.2	3.0
800	1.0	1.5	2.0
900	0.8	1.2	1.6
1000	0.4	0.6	0.8

注：表中所列时间为升温、透烧和组织转变所需时间之和。

3. 淬火冷却介质的选用

淬火时必须选择适当的淬火冷却介质以达到预期的工艺目的，淬火冷却介质的选择依据如图 3-7 所示。试样在大于临界冷速（v_K）的速度（如 v_4）下冷却时，可以得到单一的马氏体组织（此时组织中理论上还含有残留奥氏体）；而当冷却速度小于 v_K 时，淬火后可能得不到马氏体组织（如 v_1 和 v_2）或只能得到非单一的马氏体组织（如 v_3）。所以选择淬火冷却介质时首先要使冷却速度大于临界冷却速度 v_K，然后再考虑选择引起变形或开裂倾向小的介质。要结合具体材料的等温转变图选择淬火冷却介质。一般来说，碳钢常采用水冷淬火，合金钢常采用油冷淬火。

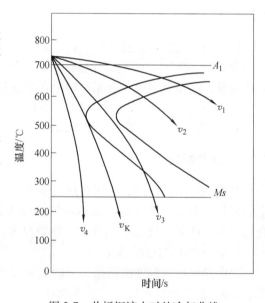

图 3-7　共析钢淬火时的冷却曲线

4. 回火温度的确定

钢淬火后所获得的马氏体具有较高的硬度、强度和大的淬火应力，工件在淬火后必须及时回火，否则往往会引起变形或开裂，甚至出现零件崩碎的现象。根据零件使用性能的不同，淬火工件的回火可分为低温（<250℃）回火、中温（350~500℃）回火及高温（>500℃）回火。随着回火温度的升高，其硬度及强度逐渐降低，而塑性及韧性逐渐上升，而且可使大部分淬火应力得以降低或消除。一般来说，低温回火的回火温度低，得到的硬度高，常用于淬火后的较高含碳量的工具钢；高温回火的回火温度较高，对材料塑性和韧性有较大提高，能获得较好的综合力学性能，常用于淬火后的中等含碳量的钢。回火保温时间根据经验数据（生产经验数据通常定为 0.5~2h）来确定。

5. 45 钢和 T12 钢的热处理组织

45 钢和 T12 钢试样采用不同热处理工艺时得到的显微组织见表 3-3。

表 3-3　45 钢和 T12 钢采用不同热处理工艺时得到的显微组织

序　号	钢　号	热处理工艺	组　织
1	45 钢	860℃→10%NaCl 淬火	马氏体
2	45 钢	860℃→10%NaCl 淬火，200℃回火	回火马氏体
3	45 钢	860℃→10%NaCl 淬火，400℃回火	回火托氏体
4	45 钢	860℃→10%NaCl 淬火，600℃回火	回火索氏体
5	45 钢	760℃→10%NaCl 淬火	马氏体+铁素体
6	45 钢	1000℃→10%NaCl 淬火	粗大马氏体
7	45 钢	860℃→油冷	马氏体+托氏体
8	45 钢	860℃→空冷	珠光体+铁素体（多）
9	45 钢	860℃→炉冷	珠光体+铁素体（少）
10	T12 钢	球化退火处理（760℃→炉冷）	铁素体+粒状渗碳体
11	T12 钢	780℃→10%NaCl 淬火	马氏体+粒状渗碳体
12	T12 钢	780℃→10%NaCl 淬火，200℃回火	回火马氏体+粒状渗碳体+$A_{残留}$
13	T12 钢	1100℃→10%NaCl 淬火，200℃回火	针状马氏体（粗大）+ $A_{残留}$

注：水冷采用 10%NaCl 水溶液；油冷采用全损耗系统用油。以上金相试样的浸蚀剂均为 4%硝酸酒精。

3.2.4　实验内容

1）确定 45 钢的正常淬火和回火工艺。

2）确定 T12 钢的正常淬火和回火工艺。

3）分析 45 钢、T12 钢在不同热处理冷却速度（淬火介质）下的组织及性能（硬度）。

4）分析 45 钢、T12 钢在不同热处理加热温度下的组织及性能（硬度）。

5）分析 45 钢淬火后在不同回火温度下回火的组织及性能（硬度）。

注意：

1）实验内容较多，共有六个研究主题：45 钢在不同冷却速度下的热处理工艺及组织、性能；45 钢在不同加热温度下的热处理工艺、组织及性能；45 钢在不同回火温度下的组织；T12 钢在不同冷却速度下的热处理工艺、组织及性能；T12 钢在不同加热温度下的热处理工艺、组织及性能；T12 钢在不同回火温度下的组织。学生分六个小组，每组学生研究一个主题，最后进行实验数据共享，分析实验结果。

2）共有四种淬火冷却介质（冷速）：10%NaCl 水溶液（水冷）、淬火油（油冷）、空气（空冷）、炉膛内气氛（炉冷）。

3）热处理温度：45 钢正常淬火温度（860℃左右）、较低温度（780℃）；T12 钢正常淬火温度（780℃）、较高温度（1100℃）。

4）回火温度：200℃、400℃和 600℃。

5）将不同热处理工艺试样在砂纸上磨平后测试的硬度（HRC）记录于表 3-4 或表 3-5 中。

6）对不同热处理工艺试样进行金相试样制备，并观察其金相组织。

表 3-4　45 钢试样硬度记录表

试样编号	试样热处理过程	硬度 HRC			
		第一次	第二次	第三次	平均值
1	860℃正常加热，水冷				
2	860℃正常加热，油冷				
3	860℃正常加热，炉冷				
4	860℃正常加热，空冷				
5	860℃正常加热，水冷，200℃回火				
6	860℃正常加热，水冷，400℃回火				
7	860℃正常加热，水冷，600℃回火				
8	780℃加热，水冷				

表 3-5　T12 钢试样硬度记录表

试样编号	试样热处理过程	硬度 HRC			
		第一次	第二次	第三次	平均值
1	780℃正常加热，水冷				
2	780℃正常加热，油冷				
3	780℃正常加热，炉冷				
4	780℃正常加热，空冷				
5	780℃正常加热，水冷，200℃回火				
6	780℃正常加热，水冷，400℃回火				
7	780℃正常加热，水冷，600℃回火				
8	1100℃加热，水冷				

3.2.5　实验报告要求

1）写出实验目的。

2）说明 45 钢（或 T12 钢）正常加热后，以不同冷却速度冷却后试样的组织，并说明其形成过程。

3）说明 45 钢（或 T12 钢）经淬火+不同温度回火后的组织特点。

4）说明淬火加热温度对 45 钢（或 T12 钢）组织的影响。

5）将各试样的硬度测试数据填入表 3-4、表 3-5 中，并分析淬火加热温度、冷却速度、回火温度对钢硬度的影响。

3.3 实验三 齿轮类零件的选材及热处理

3.3.1 实验目的

1）加深对零件选材与热处理工艺及加工工艺路线之间关系的理解，掌握金属材料内部组织、热处理工艺与性能之间的内在关系。

2）能够根据工况要求提出硬度要求，对齿轮类零件进行选材，并制订较为合理的热处理工艺及加工工艺路线。

3）制订热处理方案，合理选用热处理设备，学会正确的操作方法。

3.3.2 试验设备及试样

1）设备：箱式电阻炉、洛氏硬度计、金相显微镜、热处理加热炉、淬火水槽和热处理钳等、金相试样制作装置及用具等。

2）试样：45 钢、20Cr 钢、40Cr 钢试样。

3.3.3 实验概述

1. 齿轮类零件的工作条件及失效形式

（1）工作条件 轮齿表面承受强烈的摩擦和接触疲劳应力，根部承受较大的弯曲疲劳应力。同时，由于换档、起动、制动或啮合不均匀等原因使齿轮承受着冲击载荷。

（2）失效形式 齿轮的主要失效形式为断齿、齿面磨损和接触疲劳破坏。除过载（主要是冲击载荷过大）外，轮齿根部的弯曲疲劳应力是造成断齿的主要原因。齿面接触区的强烈摩擦，会使齿厚减小、齿隙加大，从而引起齿面磨损失效。在交变接触应力的作用下，齿面会产生微裂纹并逐渐剥落，形成麻点，造成接触疲劳失效。

2. 齿轮类零件的性能要求

齿轮类零件应具有高的抗弯疲劳强度，以防止轮齿疲劳断裂；足够高的齿心强度和韧性，以防止轮齿过载断裂；足够高的齿面接触疲劳强度和高的硬度及耐磨性，以防止齿面磨损；较好的工艺性能，以便于进行制造和热处理。

3. 齿轮类零件的选材及热处理

选择齿轮材料的主要依据是齿轮的传动方式、载荷性质与大小、传动速度、精度要求、淬透性及齿面硬化要求、齿轮副的材料及硬度的匹配情况等。

（1）钢制齿轮 钢制齿轮有型材和锻件两种毛坯形式。一般锻造齿轮毛坯的纤维组织与轴线垂直，分布合理，所以重要用途的齿轮都采用锻造毛坯。

1）轻载，低、中速，冲击小，精度较低的一般齿轮。选用 40 钢、45 钢、50 钢等中碳钢制造，常用正火或调质等热处理工艺制成软面齿轮，正火硬度为 160~220HBW，调质硬度一般为 200~280HBW。主要用于标准系列减速箱齿轮，以及冶金机械、重型机械和机床中的一些次要齿轮。

2）中载，中速，受一定冲击载荷，运动较为平稳的齿轮。选用中碳钢或合金调质钢制造，最终热处理采用高频或中频淬火及低温回火，制成硬面齿轮。齿面的硬度可以达到 50~

55HRC，齿轮心部保持正火或调质状态，具有较好的韧性。大多机床齿轮属于这种类型。

3）重载、中、高速，且受冲击载荷大的齿轮。选用20Cr、20CrMnTi、30CrMnTi等低碳合金钢或碳氮共渗钢制造，其热处理是渗碳、淬火、低温回火，齿轮表面可获得硬度为58~63HRC的高硬度层。因淬透性高，心部有较高的强度和韧性。这种齿轮的表面耐磨性、抗接触疲劳强度、抗弯强度及心部抗冲击能力都高于表面淬火的齿轮，但是热处理变形较大，在精度要求高时应安排磨削加工。主要用于汽车、拖拉机变速器和后桥中的齿轮。

4）精密传动齿轮。要求精度高，热处理变形小，宜采用氮化钢（38CrMoAl）制造，热处理工艺采用调质+氮化。氮化后齿面硬度高达850~1200HV（相当于65~70HRC），热处理变形极小，热稳定性好，并有一定的耐蚀性。但是其硬化层薄，不耐冲击，不能用于重载齿轮，多用于载荷平稳的精密传动齿轮或磨齿困难的内齿轮。

（2）铸铁齿轮　灰铸铁可用于制造开式齿轮，常用的牌号有HT200、HT300等。灰铸铁组织中的石墨可以起润滑作用，减摩性能好，不易咬合，切削加工性能好，成本低。其主要缺点是抗弯强度差、脆性大、耐冲击性差，只适合制造一些轻载、低速、不受冲击的齿轮。

（3）有色金属齿轮　对于仪表齿轮或接触腐蚀介质的轻载齿轮，常用耐蚀、耐磨的有色金属型材制造。常用的有黄铜、铝青铜、硅青铜、锡青铜、硬铝等材料。

（4）工程塑料齿轮　在轻载、无润滑条件下工作的小型齿轮，可以选用工程塑料制造，常用的有尼龙、聚碳酸酯等。工程塑料具有质量小、摩擦系数小、减振、工作噪声小等优点，适合制造仪表、小型机械中的无润滑、轻载齿轮。其缺点是强度低，工作温度低。

（5）粉末冶金材料齿轮　这种材料一般适用于大批量生产的小齿轮，如汽车发动机的定时齿轮、分电器齿轮、农用机械柴油机的正时齿轮等。

不同工作条件下齿轮类零件的选材及热处理见表3-6。

表 3-6　齿轮类零件的选材及热处理

齿轮的工作条件	实　例	选　材	热处理及性能
低速、轻载，且不受冲击		HT200、HT250、HT300	去应力退火
低速、轻载	车床溜板齿轮	45	调质，200~250 HBW
低速、中载，且不受冲击	标准系列减速器齿轮	45、40Cr、40MnB、50、40MnVB	调质，220~250 HBW
中速、重载或中速、中载、无猛烈冲击	机床主轴箱齿轮、车床变速箱的次要齿轮	40Cr、40MnB、40MnVB 42CrMo、40CrMnMo	淬火+中温回火，40~45HRC 调质或正火+表面淬火+低温回火，50~55HRC
高速轻载或高速中载，受冲击的小齿轮		15、20、20Cr、20MnVB	渗碳，淬火+低温回火，56~62HRC
高速中载，无猛烈冲击	机床主轴箱齿轮	40Cr、40MnB	高频淬火，50~55HRC
高速中载或高速重载，有冲击，外形复杂的重要齿轮	汽车变速器齿轮、立车重要螺旋锥齿轮、高速柴油机及重型载重汽车和航空发动机等设备上的齿轮	20Cr、20Mn2B、20CrMnTi、20SiMnVB、20Cr2Ni4A	渗碳，淬火+低温回火或高频淬火，齿面硬度为56~62HRC，心部硬度为25~35HRC

（续）

齿轮的工作条件	实　例	选　材	热处理及性能
载荷不大的大齿轮	大型龙门刨齿轮	50Mn2、50、65Mn	淬火，空冷，硬度小于或等于 241 HBW
低速，载荷不大，精密传动齿轮		35CrMo	淬火，低温回火，45 ~ 50HRC
精密传动，有一定耐磨性的大齿轮		35CrMo	调质，255 ~ 302HBW
要求具有耐蚀性	计量泵齿轮	9CrWMn	淬火，低温回火
要求具有高耐磨性	鼓风机齿轮	45	调质

4. 典型齿轮类零件选材举例

（1）机床传动齿轮　机床传动齿轮的材料根据其工作条件（圆周速度、载荷性质与大小、精度要求）而定。机床传动齿轮工作时受力不大，工作较平稳，没有强烈冲击，对强度和韧性的要求都不太高。一般机床传动齿轮用中碳钢（如 45 钢）经正火或调质处理，再进行表面淬火，以提高耐磨性，表面硬度可达 52~58HRC。对于性能要求较高的齿轮，可选用中碳合金钢（如 40Cr）制成。机床传动齿轮的加工路线为备料→锻造→正火→粗机械加工→调质→精机械加工→高频淬火+低温回火→精磨→装配。

正火工序的作用是改善组织，消除锻造应力，调整硬度以便于进行机械加工，并为后续的调质工序做组织准备。正火后的硬度一般为 160~217HBW。

调质处理的作用为获得较高的综合力学性能，提高心部的强度和韧性，以承受较大的弯曲应力和冲击载荷。调质后的硬度为 33~48HRC。

高频淬火+低温回火的作用为提高齿轮表面的硬度和耐磨性，以及轮齿表面的接触疲劳强度。高频淬火+低温回火后的硬度为 50~55HRC。

高频淬火的加热速度快，淬火后脱碳倾向和淬火变形小，同时齿面硬度比普通淬火约高 2HRC，表面形成压应力层，从而提高齿轮的疲劳强度。

在使用状态下，齿轮表面的显微组织为回火马氏体，心部为回火索氏体。

（2）汽车、拖拉机齿轮　与机床传动齿轮相比，汽车、拖拉机变速器齿轮在工作时受力较大，承受冲击频繁，因而性能要求较高。典型的汽车齿轮组实物图如图 3-8 所示。

这类齿轮通常用合金渗碳钢（20CrMnTi、20MnVB）制造。其工艺路线为备料→锻造→正火→机械粗加工→渗碳→淬火+低温回火→喷丸→磨削→装配。

正火的作用与机床传动齿轮的正火相同。

渗碳层深度为 0.8~1.3mm，表层碳的质量分数为 0.8%~1.05%。经渗碳、淬火+低温回火后，齿面硬度可达 58~62HRC，心部硬度为 35~45HRC，齿轮的耐冲击力、弯曲疲劳强度和接触疲劳强度均相应提高。

喷丸处理可使齿面硬度提高 2~3HRC，并提高齿面的压应力，进一步提高齿面接触疲劳强度。

在使用状态下，齿轮表面的显微组织为回火马氏体+残留奥氏体+Fe_3C 颗粒；心部淬透时为低碳回火马氏体，未淬透时为珠光体+铁素体。

图 3-8   典型的汽车变速器齿轮组实物图

3.3.4   实验内容

1）选材。分别分析 45 钢、20Cr 钢、40Cr 钢适用的齿轮工作条件及性能要求。

2）从上述三种钢中选择一种试样材料，测定该金属试样的原始硬度并观察其内部组织。

3）制订热处理工艺。查阅有关材料及热处理工艺资料，选择热处理方法、设备和冷却方法、介质，制订所选材料的主要热处理工艺参数，并进行热处理操作。

4）测定热处理后试样的硬度并观察组织。

3.3.5   实验报告要求

1）写出实验目的。

2）确定选择的实验材料适合哪些齿轮的工况要求。

3）根据选择的实验材料及假设的工况要求，制订合适的热处理工艺，并说明热处理工艺参数的选择依据。

4）分析热处理工艺对材料组织和硬度的影响。

5）收集所有实验数据，对数据进行处理，并按照要求填写表 3-7。

表 3-7   齿轮类零件的选材及热处理实验记录

实验内容	
试样编号	
材料牌号	
齿轮的应用工况	
要求硬度 HRC	
热处理方法及设备	
加热温度	

（续）

保温时间	
淬火冷却介质和参数	
热处理工艺参数制订的依据	
测试硬度 HRC	

6）说明所选材料的原始显微组织组成物，画出其金相组织示意图。

7）说明所选材料热处理后的显微组织组成物，画出其金相组织示意图。

8）分析所选材料热处理后硬度出现误差的原因及改进措施。

3.4　实验四　刀具类零件的选材及热处理

3.4.1　实验目的

1）加深对零件选材与热处理工艺及加工工艺路线之间关系的理解，较为完整地掌握金属材料的内部组织、热处理工艺与其性能之间的内在关系。

2）能够根据刀具类零件工况的要求，提出硬度要求，并制订较为合理的热处理工艺。

3）制订热处理方案，合理选用热处理设备，掌握正确的操作方法。

3.4.2　试验设备及用品

1）设备：箱式电阻炉、洛氏硬度计、金相显微镜、热处理加热炉、淬火水槽和热处理钳、金相试样制作装置及用具等。

2）试样：T10、W18Cr4V 钢材试样。

3.4.3　实验概述

1. 刀具的工作条件及失效形式

刀具是用来切削各种金属和非金属的工具，其种类很多，常用的有车刀、铣刀、刨刀、镗刀、滚刀、铰刀、钻头、丝锥、板牙等。在切削过程中，刀具材料在强烈的摩擦、高温、高压下工作，另外还要承受弯曲应力、扭转应力、冲击和振动等，由此造成的失效形式主要有磨损、断裂、刃部软化等。

（1）磨损　工件被切削部位和刀具接触部位之间存在强烈的摩擦，使得刀具前后刀面等位置发生磨损。

（2）断裂　断裂是指切削用刀具在冲击、振动等冲击载荷的作用下折断或者崩刃。

（3）刃部软化　在切削过程中，刀具刃部温度不断升高，如果刀具材料的热硬性不高，则其刃部硬度将显著下降而丧失切削加工能力。

2. 刀具材料的性能要求

为了减少或者避免刀具出现磨损、断裂和刃部软化等失效现象，刀具材料应该具备下面的基本性能：较高的硬度（一般为 58~65HRC）；较好的耐磨性和热硬性；足够的强度和韧性，以及比较好的工艺性能（淬透性和焊接性）。刀具工作条件不同，其性能要求也有所不同，例如，有的刀具（如钻头）对强韧性要求较高，应根据加工对象的硬度及切削速度的大小等合理地选用刀具材料。刀具类零件的主要热处理工艺为成形之前的球化退火以及成形后的淬火+低温回火。

3. 刀具的选材及热处理

（1）低速刀具的选材及热处理　常见的低速刀具有锉刀、锯条、丝锥、板牙及铰刀等，它们的切削速度低，受力较小，摩擦和冲击也较小。常用的材料有 T7、T8、T10、T11、T10A、T13 等碳素工具钢和 9SiCr、CrWMn、Cr12MoV 等合金工具钢。

T7、T8 适合制造承受冲击、有一定韧性要求的刀具，如木工用斧头、钳工用凿子等；T11、T12 用于制造承受冲击小，要求具有高硬度、高耐磨性的锯条、丝锥等；T13 的硬度较高且耐磨性较好，韧性差，用于制造不受冲击的锉刀、刮刀等；9SiCr、CrWMn 等合金工具钢比碳素工具钢具有更高的热硬性和耐磨性，且淬透性好，热处理变形小，用于制造各种手工刀具和低速机用刀具，如丝锥、板牙、拉刀等。低速刀具的加工工艺路线为毛坯锻造→球化退火→切削加工→淬火→低温回火。球化退火的目的是改善组织，软化材料，方便后续切削，淬火+低温回火是为了得到回火马氏体组织，提高硬度。不同工作条件的低速刀具的选材及热处理见表 3-8。

表 3-8　低速刀具的选材及热处理

工作条件	实例	选材	热处理及性能
加工木材	锯条、刨刀、锯片	T8、T10	淬火+回火，42~54HRC
手用钳工工具	丝锥、板牙、锉刀、锯条	T10A、T12A	淬火+回火，60~65HRC
手用或机用，要求变形小	钻头、丝锥、板牙	9SiCr	淬火+回火，60~65HRC
低速，不剧烈发热，要求变形较小	拉刀、丝锥、铰刀	CrWMn	淬火+回火，60~65HRC
低速，要求变形很小	专业细长拉刀	Cr12、Cr12MoV	淬火+回火，60~65HRC

（2）高速刀具的选材及热处理　常用的高速刀具有车刀、铣刀、刨刀、镗刀、铰刀、钻头、插刀等，其切削速度较快，受力较大，摩擦较大，刀具温度高且冲击大。高速刀具材料有高速工具钢、硬质合金、陶瓷、超硬材料等。

常用的高速工具钢有 W18Cr4V、W6Mo5Cr4V2、W9Mo3Cr4V、W6Mo5Cr4V2Al 等，其中钨系高速工具钢 W18Cr4V 广泛用于制作各种高速切削刀具；钨钼系高速工具钢 W6Mo5Cr4V2、W9Mo3Cr4V 适合制作热轧刀具，如麻花钻等；含铝超硬高速工具钢 W6Mo5Cr4V2Al 适合制作加工高硬度、难加工材料的高速齿轮滚刀、高速插齿刀等。高速工具钢的主要热处理工艺为锻造后球化退火，切削加工成形后淬火+回火。

用作刀具材料的硬质合金有钨钴类（M30、M40）、钨钛钴类（P30、P20）。硬质合金刀具的耐磨性、耐热性好，使用温度高达 1000℃，其切削速度和寿命比高速工具钢高几倍，用于加工合金钢、工具钢、淬硬钢等高硬度材料。但硬质合金的加工工艺性差，一般制成形状简单的刀头，钎焊在钢制刀杆上。

陶瓷刀具材料有热压氮化硅、氧化铝等，其硬度、耐磨性、热硬性极高，工作温度可达 1400~1500℃，用于淬火钢、冷硬铸铁等高硬度材料的切削。常将陶瓷刀具热压成正方形、等边三角形等形状，装夹在夹具中使用。

用作刀具材料的超硬材料有金刚石、立方氮化硼等，其中金刚石刀具用于加工耐磨非金属材料，如玻璃钢、尼龙、陶瓷、石墨、过共晶铝合金、轴承合金等；立方氮化硼刀具用于加工淬火钢、冷硬铸铁、耐热合金、钛合金等。

不同工作条件的高速刀具的选材及热处理见表 3-9。

表 3-9　高速刀具的选材及热处理

工作条件	实　例	选　材	热处理及性能
较大冲击，外形复杂；加工结构钢、铸铁、轻合金	车刀、铣刀、刨刀、镗刀、滚刀、铰刀、钻头、插刀、滚刀、拉刀等	W6Mo5Cr4V2、W9Mo3Cr4V	淬火+回火，63~66HRC
较大冲击，外形复杂；加工不锈钢、耐热钢、高强钢等	车刀、铣刀、刨刀、镗刀、滚刀、铰刀、钻头、插刀、滚刀、拉刀等	W18Cr4V	淬火+回火，65~67HRC
较大冲击，外形复杂；加工高温合金、马氏体型不锈钢、超高强钢、钛合金等	车刀、铣刀、刨刀、镗刀、滚刀、铰刀、钻头、插刀、滚刀、拉刀等	W6Mo5Cr4V2Al	淬火+回火，66~70HRC
重载切削（粗加工），加工铸铁、有色金属、高温合金、钛合金、超高强钢、非金属等	车刀、刨刀、镗刀、滚刀等的刀头	M30、M40	72~80HRC
重载切削（粗加工），加工钢、淬火钢等	车刀、刨刀、镗刀、滚刀等的刀头	P30、P20	75~81.5HRC
加工淬火钢、冷硬铸铁等高硬度材料	车刀、刨刀、镗刀、滚刀等的刀片	Si_3N_4、Al_2O_3	1370~1780HV
加工玻璃钢、尼龙、陶瓷、石墨、过共晶铝合金、轴承合金等	车刀、刨刀、镗刀、滚刀等的刀片	CBN（立方氮化硼）	7300~9000HV
加工淬火钢、冷硬铸铁、耐热合金、钛合金等	车刀、刨刀、镗刀、滚刀等的刀片	PCD（聚晶金刚石）	10000HV

注：表中所选材料 M30、M40 为以 WC+Co 为主要成分的硬质合金，P30、P20 为以 WC+Co+TiC 为主要成分的硬质合金。（参见 GB/T 18376.1—2008）

4. 典型刀具（麻花钻）的选材与热处理实例

麻花钻是目前应用最为广泛的钻孔刀具，切削时钻头在封闭的内表面上工作，由于钻头切削刃始终处于连续工作的切削状态，且切削时排屑、冷却困难，导致钻头与工件、钻屑之间的摩擦增大，产生了大量的切削热，切削温度升高。因此，除要求麻花钻具有高的硬度、耐磨性和一定的韧性外，还要求具有较高的热硬性。图 3-9 所示为麻花钻零件图，其形状复杂，钻头心部比较薄弱，要求热处理变形小。

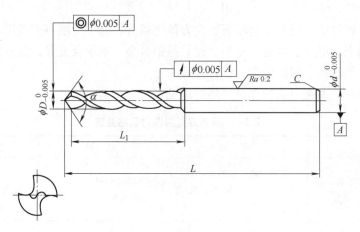

图 3-9 麻花钻零件图

根据麻花钻的工作条件和性能要求，一般选用高速工具钢 W6Mo5Cr4V2 制造，其加工工艺路线如下：

锻造→球化退火→加工→淬火+三次高温回火→磨削→刃磨→检验

麻花钻毛坯采用锻造或轧制成形，通过压力加工改善碳化物的分布，同时获得所需的尺寸和形状。球化退火是为了降低硬度，便于切削，消除内应力，并为最终热处理做好组织准备。由于高速工具钢的导热性能很差，麻花钻在淬火加热的过程中要进行一次预热，以避免在此期间产生变形与裂纹。1270～1280℃的淬火和550～570℃的三次回火是为了获得高硬度、高热硬性、高耐磨性和一定的韧性，其最终组织为回火马氏体+碳化物+少量残留奥氏体。

3.4.4 实验内容

1）选材。从 T10、W18Cr4V 两种刀具材料中选择一种材料，分析确定其适用的刀具类型及要求的硬度。

2）从上述刀具材料中选定一种，测定该材料的原始硬度并观察其内部组织。

3）制订热处理工艺。查阅有关材料及热处理工艺的资料，选择热处理方法、设备和冷却方法、介质，制订所选材料的热处理工艺参数，并进行热处理操作。

4）测定热处理后该材料的硬度并观察组织。

3.4.5 实验报告要求

1）写出实验目的。

2）确定所选择的实验材料适合哪些刀具的工况要求。

3）根据选择的实验材料及假设的工况要求，制订合适的热处理工艺，并说明热处理工艺参数的选择依据。

4）分析热处理工艺对材料组织和硬度的影响。

5）收集所有实验数据，对数据进行处理，并按照要求填写表 3-10。

表 3-10　刀具类零件的选材及热处理实验数据记录

实验内容	
试样编号	
材料牌号	
刀具应用工况	
要求硬度 HRC	
热处理方法及设备	
加热温度	
保温时间	
淬火冷却介质和参数	
热处理工艺参数制订的依据	
测试硬度 HRC	

6）说明所选材料的原始显微组织组成物，画出金相组织示意图。

7）说明所选材料热处理后的显微组织组成物，画出金相组织示意图。

8）分析所选材料热处理后硬度出现误差的原因及改进措施。

第4章　工程材料创新拓展实验

4.1　实验一　材料金相组织的计算机定量分析

4.1.1　实验目的

1）了解金相组织分析系统的操作方法与步骤。

2）熟悉球墨铸铁、灰铸铁的金相组织。

3）掌握使用金相组织分析系统定量分析材料金相组织的基本方法，能利用该系统对材料金相组织中各物相的形态、含量进行分析。

4.1.2　实验设备及试样

1）设备：金相组织分析系统，主要包括金相显微镜、计算机、图像处理软件等。

2）试样：未腐蚀和腐蚀的灰铸铁、球墨铸铁金相试样。

4.1.3　实验概述

1. 材料金相组织的定量分析方法

金属材料的成分、组织与性能之间存在一定的关系，材料的微观组织是决定性能的基本因素，对材料金相组织的准确分析是判断金属材料性能的主要途径。运用金相组织定量分析技术可以测定金属与合金组织的各种形态参数，如第二相体积分数、第二相尺寸、质点间距、对有方向性组织的取向程度、比相界面、近邻率、连续性等。常用的金相组织定量分析方法包括比较法与测量法两种，其中测量法包括网格计点法、截线法、截面法及联合测量法等。

以测量法中的网格计点法为例，首先选择合适的测量网格，将其覆盖在被测图像上，计算落在被测物相中的格点数占总格点的百分数。待测物相边界上的格点以 1/2 点计数。例如，用一个 9×9 的网格测定材料中第二相的体积分数 P_{p}，如图 4-1 所示，格点数 $P=1+1+1/2+1/2+1/2+1+1/2+1/2+1/2=6$，网格测试点的总数 $P_{\mathrm{T}}=81$，可计算出 $P_{\mathrm{p}}=P/P_{\mathrm{T}}=7.4\%$。

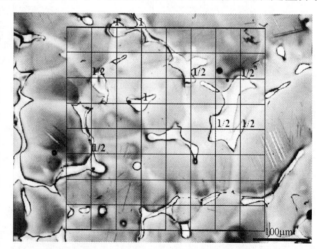

图 4-1　网格计点法测定材料第二相体积分数示意图

传统的金相组织定量分析主要是经验性的定性或半定量分析，其中定量分析用时较长且准确率低。近年来随着计算机数字图像处理技术的迅速发展，使得金相分析领域的自动化程度逐渐提高。目前，采用图形处理和计算软件可以方便快捷地实现对材料金相组织的定量分析，即材料金相组织的计算机定量分析法（金相定量分析法），该方法是利用显微镜在材料金相组织上测得的二维参量来推算三维空间中的金相组织的含量。为了研究材料金相组织与性能之间的定量关系，金相定量分析法逐渐被研究者们所熟知，也是测定该定量关系的主要方法之一，即通过分析材料组织组成物的数量、大小、形状与分布，探究其组织特征参数与成分或性能之间的内在联系，从而建立材料成分、组织与性能之间的定量关系。

2. 计算机金相组织分析系统及操作

计算机金相组织分析系统如图 4-2 所示，它由金相显微镜、连接器、摄像头、计算机、图像处理软件、显示屏、打印机等组成。将要观察的试样放在金相显微镜的载物台上，材料的组织图像经显微镜放大后在目镜处通过连接器被摄像头摄制成数字视频图像，图像信息被传输进计算机并在屏幕上显示出来。通过调整金相显微镜的调焦旋钮，可以在屏幕上得到清晰的组织图像。图像处理软件可以捕捉摄像头摄制的动态活动窗口中的动态视频文件及单帧视频图像，并可对捕捉的图像进行预览、编辑（如调整亮度、对比度、黑白处理等）、压缩、命名、保存等，保存捕捉的图像时可根据时间或文件名模板自动命名，自动保存在默认文件夹（也可人工将文件命名并保存在自定义目录文件夹）中，保存的文件格式可以是BMP、JPG、GIF 等。利用图像分析软件可以对金相组织进行定量分析。

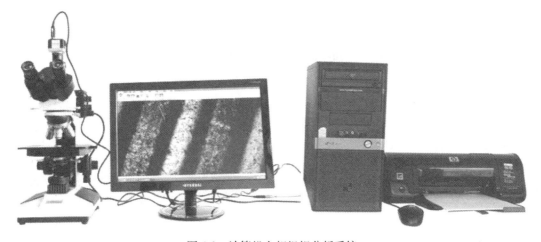

图 4-2　计算机金相组织分析系统

计算机金相组织分析系统可用于测定材料金相组织的晶粒度、相含量、非金属夹杂物含量、镀层厚度及脱碳层、渗碳层深度等，也可用于计算球墨铸铁中石墨的球化率，研究其中珠光体、铁素体的数量分级等。

计算机金相分析设备的操作步骤为：

1）打开计算机及 Video Capture 图像处理软件的图像捕捉菜单。

2）将样品放在金相显微镜的载物台上，选择合适的放大倍数。

3）调整显微镜的焦距及载物台位置，得到样品合适部位的清晰活动视频图像。

4）单击"摄制"按钮，可将活动窗口中的图像以单帧图像形式固定下来。

5）单击"菜单"中的"文件"→"保存"按钮，键入文件名及保存位置后单击"确定"按钮，即可将摄制的图像保存下来。

6）打开保存的图像文件并进行观察及定量分析。

3. 灰铸铁与球墨铸铁简介

灰铸铁广泛应用于各领域，占铸铁总产量的80%以上。灰铸铁的组织为基体和片状石墨，片状石墨是灰铸铁特有的石墨形态，碳全部或部分以片状石墨的形态存在，灰铸铁的基体有铁素体、铁素体+珠光体、珠光体三种类型，其中铁素体+珠光体基体最为常见。图4-3所示为铁素体+珠光体混合基体灰铸铁的金相组织，其中白色区域为铁素体，黑色片层状区域为珠光体，石墨为黑色片状。随着基体中珠光体含量的增加，铸铁的强度、硬度和耐磨性将提高，此外片状珠光体的粗细与片间距大小也将影响材料的力学性能，灰铸铁的强度、硬度和耐磨性随珠光体的细化而提高。

球墨铸铁的组织由基体和球状石墨组成，与灰铸铁相比，主要是石墨形态不同，其他组织无大的差别。常见的球墨铸铁基体有铁素体、铁素体+珠光体、珠光体三种形式。图4-4所示为铁素体+珠光体混合基体球墨铸铁的金相组织，其中带白色晶界的浅灰色基体区域为铁素体，其含量较多，黑色层片状不规则多边形区域为珠光体，石墨为黑色球状。石墨主要以球状存在，该形态基本消除了因石墨（尖锐）而引起的应力集中现象，从而使球墨铸铁具有较好的力学性能，最高抗拉强度可达1400MPa，且铸造性能较好，生产工艺与设备简单，成本低，故应用范围已遍及汽车、农机、船舶、冶金、化工等部门，成为重要的铸铁材料。

图4-3 铁素体+珠光体混合基体灰铸铁
的金相组织

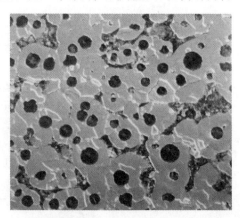

图4-4 铁素体+珠光体混合基体球墨铸铁
的金相组织

灰铸铁与球墨铸铁中石墨的形态、分布，珠光体的分布、数量及其与基体的结合状态均会显著影响铸铁的性能与应用。因此，对金相组织进行定量分析，测定灰铸铁金相组织中石墨的长度，分析球墨铸铁组织中石墨的球化率以及两者石墨的分布形态，观察珠光体的粗细程度及数量，并分析珠光体粗细分级及数量分级等，具有重要的意义与价值。

4. 灰铸铁与球墨铸铁组织的计算机定量分析

（1）石墨形态 石墨形态是指单颗石墨的形状，片状石墨是灰铸铁特有的石墨形态。GB/T 7216—2009《灰铸铁金相检验》将石墨的二维形态分成A、B、C、D、E、F六种类型，见表4-1。在实际铸件中，往往同时存在几种石墨形态，该形态影响铸件的力学性能，相比较而言，以A型和B型石墨的分布形态为好。对于球墨铸铁，根据石墨的面积率将石墨形态划分为五种：球状、团状、团絮状、蠕虫状和片状。其中，最具代表性的形态是球状，在低倍光学显微镜下，其外形近似圆形。石墨的形态不同，对金属基体连续性的割裂程度不同，从而显著影响铸铁的性能。当球墨铸铁石墨球化不好时，在一个视场下将同时存在球状、团状、絮状、蠕虫状组织。

表 4-1　片状石墨的分布形态

类型名称	符　号	分布形态
片状	A	片状石墨呈无方向性均匀分布
菊花状	B	片状与细小卷曲的片状石墨聚集成菊花状分布；心部为少量点状，外围为卷曲片状
块片状	C	初生的粗大直片状石墨
枝晶点状	D	细小卷曲的片状石墨在枝晶间呈无方向性分布
枝晶片状	E	片状石墨在枝晶二次分枝间呈方向性分布
星状	F	初生的星状（或蜘蛛状）石墨

（2）石墨长度计算与球化率分析　根据国家标准《灰铸铁金相检验》GB/T 7216—2009 中的规定，石墨长度分为六个等级，其分析对象是在未浸蚀的试样上放大 100 倍，按其中最长的三条以上石墨的平均值进行测定，这里测量最长的 3 条石墨长度的平均值作为被观察视场的石墨长度。对于球墨铸铁，一般采用球化率评定石墨的球化质量。球化率是指观察的视场内，所有石墨接近球状的程度，是石墨球化程度的综合指标，《球墨铸铁金相检验》（GB/T 9441—2009）将球化等级分为六级，如图 4-5 及表 4-2 所示。

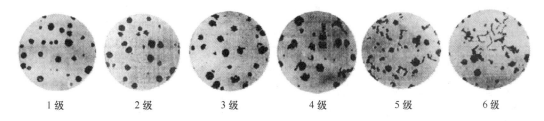

| 1级 | 2级 | 3级 | 4级 | 5级 | 6级 |

图 4-5　球墨铸铁石墨的球化分级

表 4-2　球墨铸铁石墨的球化分级

球化级别	说　明	球化率（%）
1 级	石墨呈球状，少量团絮，允许极少量团絮状	≥95
2 级	石墨大部分呈球状，余为团状和极少量团絮状	90~95
3 级	石墨大部分呈团状，余为团絮状，允许有极少量蠕虫状	80~90
4 级	石墨大部分呈絮状或团状，余为球状、少量蠕虫状	70~80
5 级	石墨呈分散分布的蠕虫状、片状及球状、团状、团絮状	60~70
6 级	石墨呈聚集分布的蠕虫状、片状及球状、团状、团絮状	<60%

（3）珠光体的粗细及数量　珠光体是由铁素体和渗碳体组成的共析体，按照珠光体的片间距不同，可将其分为粗片状珠光体、片状珠光体和细片状珠光体。珠光体的数量及粗细程度均显著影响铸铁的性能，珠光体的数量比较容易统计，是指珠光体与铁素体的相对含量。两种铸铁的基体均为珠光体+铁素体，即珠光体与铁素体的含量为100%，因此，只需统计出珠光体与铁素体各自的面积，然后求百分比即可获得珠光体的数量。对于高强度铸铁，应确保多的珠光体数量；而对于高韧性球墨铸铁，则应确保多的铁素体数量。珠光体的数量分为12级，见表4-3；其粗细分级见表4-4。

表 4-3　珠光体的数量分级

级别名称	珠光体数量（%）	级别名称	珠光体数量（%）
珠95	>90	珠35	>30~40
珠85	80~90	珠25	≈25
珠75	70~80	珠20	≈20
珠65	60~70	珠15	≈15
珠55	50~60	珠10	≈10
珠45	40~50	珠5	≈5

表 4-4　珠光体的粗细分级

级别名称	说　明
粗片状珠光体	在500×的放大倍数下，珠光体中渗碳体、铁素体的片间距较大
片状珠光体	在500×的放大倍数下，珠光体中渗碳体、铁素体的片间距明显可辨
细片状珠光体	在500×的放大倍数下，珠光体中渗碳体、铁素体的片间距难以分辨

以球墨铸铁中石墨的球化分级为例，金相组织分析系统的操作过程如图4-6所示：

1）选取球墨铸铁金相组织原图，如图4-6a所示。

2）将原图转换为灰度图像，操作方法如图4-6b所示，获得的对应灰度图像如图4-6c所示。

3）对图4-6c进行灰度自动色阶操作，如图4-6d所示，获得对应的灰度自动色阶结果图。

4）调整灰度自动色阶结果图的亮度（+50~100），获得处理后的效果图，如图4-6e所示。

5）对图4-6e进行球化分级，其结果如图4-6f所示，即获得了该球墨铸铁金相组织中石墨的球化分级情况。

4.1.4　实验内容

1）熟悉金相组织分析系统，明确其操作步骤。

2）观察灰铸铁、球墨铸铁的金相组织，确定石墨形态。

3）利用金相组织分析系统测定灰铸铁金相组织中石墨的长度，球墨铸铁组织中石墨的

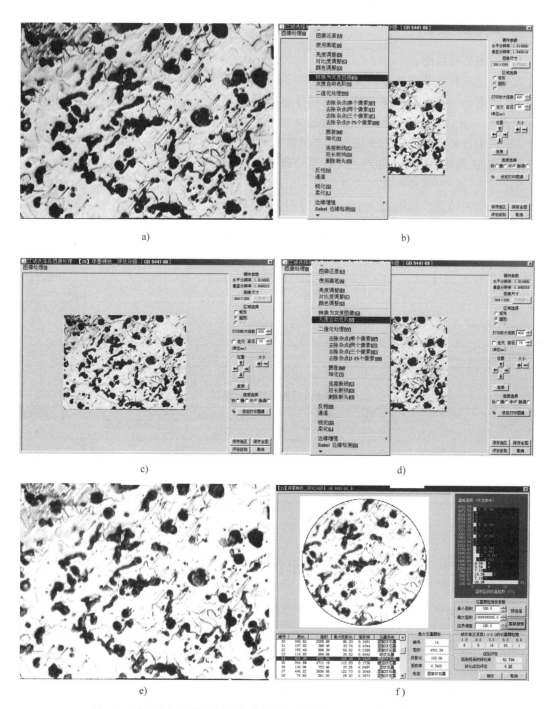

图 4-6　采用金相图谱分析系统分析球墨铸铁中石墨球化分级操作示意图

球化率，并分析两者石墨的分布形态。

4）利用金相组织分析系统对灰铸铁及球墨铸铁进行定量分析，测定珠光体粗细分级及数量分级。

4.1.5 实验报告要求

1）写出实验目的。

2）描述灰铸铁和球墨铸铁金相组织的特征。

3）利用金相组织分析系统测定灰铸铁基体中石墨的长度、分布形态以及珠光体的数量，并分析珠光体粗细分级和珠光体数量分级，记录于表4-5中。

4）利用金相组织分析系统测定球墨铸铁基体中石墨的分布形态、球化率以及珠光体数量，并分析珠光体粗细分级和珠光体数量分级，记录于表4-6中。

5）对比分析灰铸铁和球墨铸铁的金相组织，明确该组织差异性对其性能的影响规律。

6）分析灰铸铁、球墨铸铁中石墨尺寸对其性能的影响。

表 4-5 灰铸铁分析结果

视场号	石墨形态	石墨长度/mm	珠光体粗细分级	珠光体数量	珠光体数量分级
1					
2					
3					
平均值		—		—	—

表 4-6 球墨铸铁分析结果

视场号	石墨形态	石墨球化率	珠光体粗细分级	珠光体数量	珠光体数量分级
1					
2					
3					
平均值		—		—	—

4.2 实验二 金属基复合材料组织的扫描电子显微镜分析

4.2.1 实验目的

1）了解扫描电子显微镜（SEM）的基本结构和工作原理，了解扫描电子显微镜的基本操作。

2）利用二次电子像和背散射电子像观察复合材料的组织。

3）利用扫描电子显微镜的能谱分析系统测定复合材料的组成相。

4.2.2 实验设备及试样

1）设备：Sigma 300 型扫描电子显微镜。

2）试样：腐蚀好的三种碳化硅颗粒增强铝基复合材料 SiC/A-Si 试样，包括 S_1（10%SiC+90%Al-Si）、S_2（15%SiC+85%Al-Si）、S_3（20%SiC+80%Al-Si）。

4.2.3　实验概述

1. 复合材料组织观察

复合材料的组织、界面状况、表面磨损形貌等可采用扫描电子显微镜观察。扫描电子显微镜中的二次电子信号来自样品表面层以下 5~10mm，被摄入电子束激发出的二次电子数量对样品微区表面形貌非常敏感，随着样品表面相对入射束的倾角增大，二次电子的产额增多，在荧光屏上这些部位的亮度较大。因此，二次电子像适用于试样表面形貌（图 4-7a）和断口形貌（图 4-7b）观察。二次电子衬度像景深大，成像清晰，立体感强，并可直接观察，无需重新制样，已经成为形貌分析最有效的手段之一，可以对试样表面进行几百倍到几千倍甚至几万倍的形貌观察。图 4-8 所示为 $Al_2O_3/Al\text{-}Si$ 复合材料的 500× 及 2000× 的扫描电子显微镜组织。

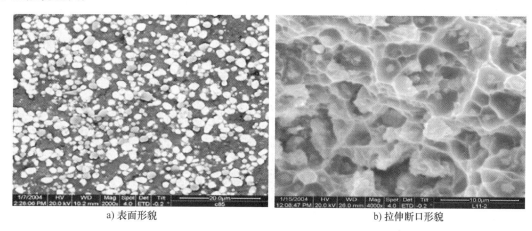

a) 表面形貌　　　　　　　　　　　　b) 拉伸断口形貌

图 4-7　$\alpha\text{-}Al_2O_3$，TiB_2/Al 复合材料的组织

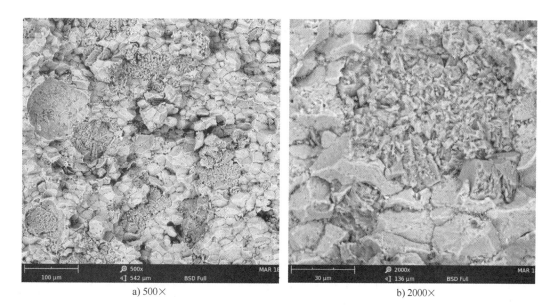

a) 500×　　　　　　　　　　　　b) 2000×

图 4-8　$Al_2O_3/Al\text{-}Si$ 复合材料的扫描电子显微镜组织

扫描电子显微镜的背散射电子产额与样品的原子序数和表面形貌有关，其中原子序数的影响最显著。背散射电子可以用来调制成多种衬度，主要有成分衬度和形貌衬度。背散射电子像既可以用于形貌分析，也可用于成分分析，但在进行形貌分析时，其分辨率远低于二次电子像，故一般不用其进行形貌分析，主要用于成分衬度分析。成分衬度背散射电子的产额随着原子序数的增加而增加，原子序数 $Z<40$ 时这种关系更为明显，利用成分衬度来分析晶界上或晶粒内部不同种类的析出相是十分有效的。因析出相的成分不同，激发出的背散射电子数量也不同，因此扫描电子显微图像存在亮度上的差异，从而可根据亮度上的差别定性地判定物相的类型。背散射电子像多用于材料内部不同成分组成相的分析，而二次电子像由于景深大，多用于材料表面形貌或断开形貌的分析。图 4-9 所示为 SiC 颗粒增强的 Si-Al 合金复合材料的背散射电子像及二次电子像。

a) 背散射电子像

b) 二次电子像

图 4-9　SiC/Si-Al 复合材料的扫描电子显微镜组织

2. 复合材料的组成相分析

扫描电子显微镜不仅可用于观察材料的内部组织，也可配备能谱仪（EDS）对样品的微区元素组成进行定性和定量分析。

图 4-10 所示为 40% Ti_2AlC/Al 复合材料的显微组织背散射电子图像。从图中可以看出，Ti_2AlC 增强体颗粒比较均匀地分布于 Al 基体中。增强体与基体界面局部放大图（图像右上角）显示，基体与增强体紧密结合，界面清晰、干净，无杂质相生成。

图 4-11a 40% Ti_2AlC/Al 复合材料组织中的 a、b、c 三点的 EDS 分析结果分别如图 4-11b、c、d 所示，结合该复合材料的 X 射线衍射（XRD）分析结果可得，该复合材料由白色的 Ti_2AlC 相、黑色的 Al 基体及灰色的 $TiAl_3$ 三相组成。

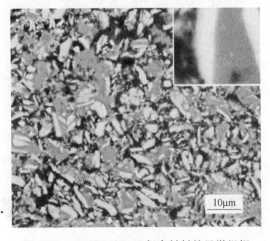

图 4-10　40% Ti_2AlC/Al 复合材料的显微组织

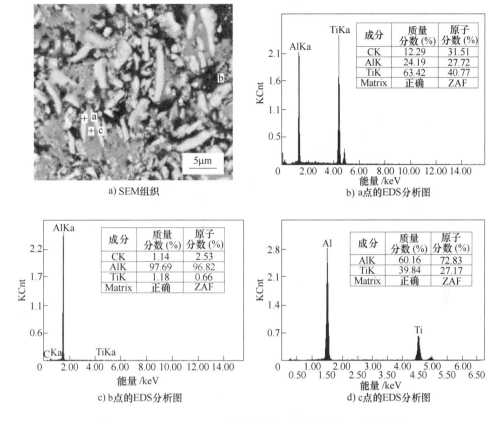

a) SEM组织

b) a点的EDS分析图

成分	质量分数 (%)	原子分数 (%)
CK	12.29	31.51
AlK	24.19	27.72
TiK	63.42	40.77
Matrix	正确	ZAF

c) b点的EDS分析图

成分	质量分数 (%)	原子分数 (%)
CK	1.14	2.53
AlK	97.69	96.82
TiK	1.18	0.66
Matrix	正确	ZAF

d) c点的EDS分析图

成分	质量分数 (%)	原子分数 (%)
AlK	60.16	72.83
TiK	39.84	27.17
Matrix	正确	ZAF

图 4-11　40% Ti_2AlC/Al 复合材料的 SEM 组织及 EDS 分析图

3. 碳化硅颗粒增强铝基复合材料的组织及组成相

碳化硅颗粒增强铝基复合材料具有比强度和比刚度高、高温强度和耐磨性好、生产成本较低等一系列优点，因而近年来日益引起世界许多国家的极大重视，并得到深入研究。复合材料的性能不仅取决于基体和增强体各自的性能，在很大程度上还依赖于基体和增强体间的相容性，即界面结合状况。碳化硅颗粒增强铝基复合材料的表面形貌、相组成、界面的显微结构、显微成分等均可采用扫描电子显微镜进行检测。图 4-12 所示为含 15% 微米 SiC 的碳化硅颗粒增强铝合金复合材料的扫描电子显微镜组织照片。图 4-12a 所示为该复合材料表面组织组成，微米 SiC 颗粒均匀地分布在基体中，部分 SiC 颗粒周围存在空隙，铝硅合金基体为（α+Si 共晶体），而且其晶粒比较细小。图 4-12b 所示为该复合材料中微米 SiC 颗粒与铝硅合金基体的结合界面，界面较为整洁，结合比较紧密。

图 4-13 所示为质量分数为 3% 的纳米 SiC 颗粒增强铝基复合材料的低倍扫描电子显微镜组织，经过纳米颗粒细化晶粒后，整个基体上复合材料的晶粒比较细小均匀，因放大倍数较低，纳米 SiC 颗粒在组织照片中没有显示。图 4-14a 所示为该复合材料的高倍扫描电子显微镜组织，有大量亮白色的点状颗粒，经测量点状颗粒大小在 60nm 左右。经能谱分析可知，白色的点状颗粒为纳米 SiC，如图 4-14b 所示。

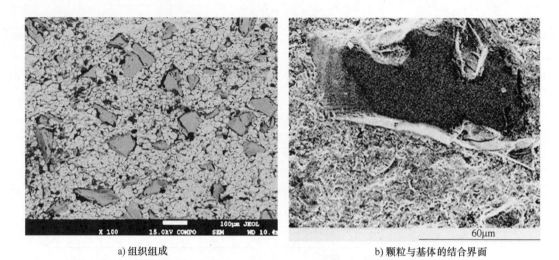

a) 组织组成   b) 颗粒与基体的结合界面

图 4-12 微米碳化硅颗粒增强铝合金复合材料的扫描电子显微镜组织

图 4-13 纳米 SiC 颗粒增强铝基复合材料的低倍扫描电子显微镜组织

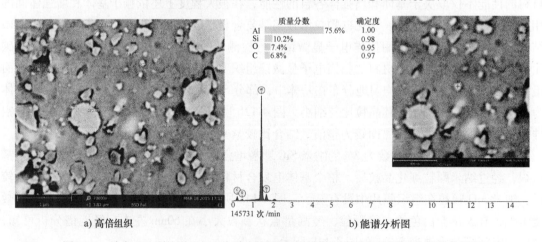

a) 高倍组织   b) 能谱分析图

图 4-14 纳米 SiC 颗粒增强铝基复合材料的高倍扫描电子显微镜组织及能谱分析图

4. 所用扫描电子显微镜的结构及操作要求

扫描电子显微镜是利用细聚焦电子束在样品表面扫描时激发出来的各种物理信号来调制成像的。它是一种用途较广泛的多功能仪器，具有很多优越的性能，如分辨率很高。扫描电子显微镜是复合材料研究中常用的分析测试仪器，其结构及工作原理见第 1 章。

扫描电子显微镜的操作步骤因其型号不同而稍有不同，操作前必须仔细阅读相关说明书。飞利浦公司型号为 Sigma 300 型扫描电子显微镜外形如图 4-15 所示，其基本操作步骤如下。

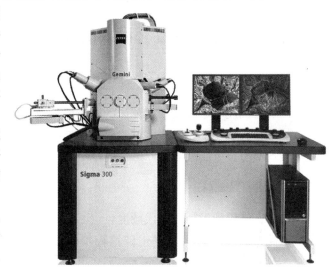

（1）安装样品　打开舱门取出样品座；将用丙酮清洗并干燥好的试样固定在样品座上；放入扫描电镜样品室；关闭舱门。

（2）起动　打开主机稳压电源，确认电压准确、稳定后接通冷却循环水；待真空度达到要求后，给电子枪加高压。

（3）观察及拍摄　移动样品

图 4-15　Sigma 300 型扫描电子显微镜的外形

台，调节放大倍数、聚焦、像散、对比度和亮度等，以获得令人满意的图像；对图像进行保存并打印；若需做微区成分分析，可同时打开能谱分析软件。

（4）关机　观察完毕后关闭电子枪高压，调整样品台；关闭扫描电子显微镜操作界面，关闭计算机；关主机电源，30min 后关闭冷却水。

4.2.4　实验内容

1）了解扫描电子显微镜的结构及操作要求。

2）用扫描电子显微镜观察 SiC 颗粒增强铝基复合材料的组织。

3）对 SiC 颗粒增强铝基复合材料组织中的组成相（基体、增强体及界面生成物等）进行能谱成分分析。

4）对比分析不同 SiC 增强剂含量的复合材料的组织。

4.2.5　实验报告要求

1）写出实验目的。

2）将实验结果填入表 4-7 中。

表 4-7　金属基复合材料组织的扫描电子显微镜分析实验记录

试样号	试样材料配方	放大倍数	组织及组成相特征
S1	10%SiC+90%Al-Si		
S2	15%SiC+85%Al-Si		
S3	20%SiC+80%Al-Si		

3）比较不同 SiC 含量的 SiC 颗粒增强 Al-Si 复合材料试样的组织及组成相特征。

4）根据能谱分析结果，说明 SiC 增强颗粒与 Al-Si 合金基体的界面生成物的物相。

5）简述用扫描电子显微镜观察表面形貌的基本原理。

6）简述扫描电子显微镜对试样的制备要求。

4.3 实验三 金属基复合材料的硬度测试及分析

4.3.1 实验目的

1）了解布氏硬度、维氏硬度测试的基本原理及应用范围。

2）掌握布氏硬度、维氏硬度试验机的主要结构及操作方法。

3）对 SiC 颗粒增强铝基复合材料进行硬度测试及分析。

4.3.2 实验设备及试样

1）设备：布氏硬度计、维氏硬度计（显微硬度计）分度值为 0.01mm 的读数放大镜。

2）试样：腐蚀好的三种碳化硅颗粒增强铝基复合材料 SiC/Al-Si 试样若干，包括 S1（10%SiC+90%Al-Si）、S2（15%SiC+85%Al-Si）和 S3（20%SiC+80%Al-Si）。

4.3.3 实验概述

1. 金属基复合材料的性能

金属基复合材料由基体金属及增强体组成，兼有金属的塑性和韧性，以及其他增强体（如陶瓷）的高强度和高硬度，同时具有良好的比强度、比刚度、热稳定性、耐磨性和尺寸稳定性，使其在机械、汽车、电子等许多领域得到广泛的应用。性能是决定复合材料应用的关键指标，影响金属基复合材料性能的因素如下。

（1）基体的影响 不同基体对复合材料的抗拉强度、屈服强度有较大的影响。并非基体的强度越高，复合材料的强度就越高，基体与增强体之间存在最佳配比。当基体自身的强度较低时，复合材料中基体的强度将得到较大幅度的提高，因此，对于基体本身强度较低的复合材料，通过基体性能的提高，可使复合材料的抗拉强度得到明显提高。基体的合金化也对复合材料的强度有重要影响。颗粒增强铝基复合材料的力学性能受不同铝合金成分的影响，如将 Cu 和 Ni 加入铝合金中，材料的高温抗弯强度将增加。另外，稀土元素的加入也会影响复合材料的强度。

（2）增强体的影响 增强体对基体金属的显微组织（如晶粒尺寸、材料密度等）有改善作用，并弥补基体金属性能上的不足。增强体的性能对复合材料的强度起着至关重要的作用。加入增强体后，材料的抗拉强度和屈服强度皆有所变化。增强体的主要贡献是通过基体合金的微观组织变化来实现的，它是载荷的主要承受者；其次，它对位错的产生、亚晶结构细化也有着重要的影响。

（3）基体和增强体相容性的影响 基体合金与增强体之间的界面相容性也是必须重视的问题。尤其是在采用铝合金作为基体时，界面上常出现氧化物元素富集等现象，有时界面上的基体与增强体还会发生化学反应生成新相。因此对于不同的增强体，为避免界面反应物产生的危害，在保证复合材料性能的前提下，应对基体合金的成分进行调整。由于铝合金中的不同溶质元素所引起的时效析出行为具有一定的差异，颗粒增强铝基复合材料对基体的显微组织十分敏感。从这一角度出发，为充分发挥复合材料的优越性能，也必须选择合适的基体合金。

除上述影响金属基复合材料性能的因素外，还有制备工艺、环境等影响因素。

2. 金属基复合材料的硬度

硬度是衡量材料软硬程度的一项重要性能指标，它既可理解为是材料抵抗弹性变形、塑性变形或破坏的能力，也可表述为是材料抵抗残余变形和反破坏的能力。硬度不仅是力学性能的一个方面，而且材料的弹性、塑性、强度和韧性等力学性能的其他方面。复合材料的硬度等力学性能取决于增强体材料的性能、含量和分布，以及基体材料的性能和含量。金属基复合材料的硬度表征没有明确一致的方法。不同研究者可根据各自研究内容的需要选取不同的硬度表征方法，主要包括布氏硬度和维氏硬度。布氏硬度在测试中压痕较大，能反映出材料的综合性能，不受试样组织显微偏析及成分不均匀的影响，可利用它测试复合材料的整体硬度。维氏硬度由于试验力很小，压痕也很小，试样外观和使用性能都不受影响，可利用它测试复合材料基体、增强体的硬度。

3. 铝基复合材料的硬度测试

（1）复合材料基体的硬度测试 复合材料基体的硬度对其整体硬度及耐磨性具有较大影响，因此，对复合材料基体的硬度进行研究具有很大意义。图 4-16 所示为微米 SiC 颗粒增强铝合金复合材料的组织，为铝合金基体上分布不规则形状的 SiC 颗粒，使用数字式显微硬度计（加载载荷为 25kg，加载时间为 30s）测试其基体的显微硬度。

对微米 SiC 颗粒增强和纳/微米 SiC 颗粒增强铝基复合材料基体的显微硬度进行测

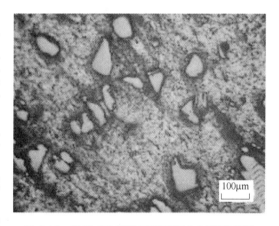

图 4-16 微米 SiC 颗粒增强铝复合材料的组织

试，并与基体铝合金的硬度进行比较，结果见表 4-8 。可以看出：微米颗粒增强、纳/微米颗粒增强铝基复合材料的基体硬度相对于基体合金材料都有所提高，而且纳/微米双尺度颗粒增强复合材料的硬度高于微米增强复合材料的硬度。纳/微米双尺度颗粒增强复合材料（4% nm + 15% μm）SiC/Al-Si 的硬度值为 76.24HV，比基体硬度（56.42HV）提高了 35.13%。

表 4-8 复合材料基体的显微硬度与基体铝合金显微硬度的比较

试样名称	基体铝合金	微米颗粒增强铝基复合材料	纳/微米颗粒增强铝基复合材料
试样成分	Al-Si	15%μmSiC/Al-Si	（4%nm+15%μm）SiC/Al-Si
硬度 HV	56.42	72.84	76.24

（2）复合材料各组成相的硬度测试 复合材料各组成相的硬度会影响其整体性能，测

试各组成相的硬度及其对材料整体性能的影响，可以改进材料配方及工艺，提高复合材料的性能。图 4-17 所示为（TiB$_2$+Al$_2$O$_3$）增强铝基复合材料的扫描电子显微镜照片，可以看出在 Al-Si 合金基体上分布着大量的白色小颗粒及冰糖状黑色颗粒。利用显微硬度计（加载载荷为 25kg，加载时间为 30s）对图 4-17 中的白色区域和黑色大颗粒进行显微硬度测试，结果见表 4-9。从表中可以看出，在所制备的复合材料中，白亮区的显微硬度大于黑色区的硬度，且远大于基体的硬度。因为常温下 TiB$_2$ 的硬度高于 Al$_2$O$_3$，所以进一步确定白亮区为 TiB$_2$ 而黑色区为 Al$_2$O$_3$。

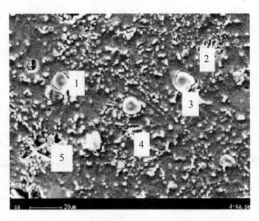

图 4-17 （TiB$_2$+Al$_2$O$_3$）增强铝基复合材料的扫描电镜照片

表 4-9 （TiB$_2$+Al$_2$O$_3$）增强铝基复合材料中各组成相的显微硬度测试结果

测试点	测试点 1	测试点 2	测试点 3	测试点 4	测试点 5	平均值
基体	67.3	63.6	63.6	60.2	72.7	65.5
白亮区	464	498	429	458	466	463
黑色区	110	91.6	98.3	105	110	102.9

（3）复合材料的整体硬度测试 复合材料的整体硬度对其耐磨性起决定性作用，经常需要用布氏硬度计测试复合材料的整体硬度。（TiB$_2$+Al$_2$O$_3$）双相颗粒增强铝基复合材料、Al$_2$O$_3$ 单相颗粒增强铝基复合材料、无颗粒铝合金材料的布氏硬度测试结果见表 4-10。结果表明，双相颗粒增强铝基复合材料的硬度比单相增强复合材料和铸态原始组织的硬度都要高。由此可见，颗粒增强铝基复合材料较原始 Al-Si 合金在硬度方面有了较大的提高，而双相颗粒增强铝基复合材料的提高效果更为明显。

表 4-10 （TiB$_2$+Al$_2$O$_3$）/Al-Si、Al$_2$O$_3$/Al-Si、Al-Si 三种材料的布氏硬度测试结果

材 料	第一次硬度 HBW	第二次硬度 HBW	第三次硬度 HBW	硬度平均值 HBW
（TiB$_2$+Al$_2$O$_3$）Al-Si	68.2	68.4	70.0	68.9
Al$_2$O$_3$/Al-Si	60.5	59.8	60.5	60.3
Al-Si	46.7	50.0	50.9	49.2

4. 布氏硬度计、维氏硬度计的结构及其操作步骤

布氏硬度计及维氏硬度计的结构和工作原理在第 1 章已做介绍。这里只简述其操作步骤。

（1）布氏硬度计的操作步骤

1）实验时将试样置于试样台上，沿顺时针方向转动手轮使试样上升，直到钢球压紧并听到响声。

2）按"加载"按钮，此时电动机通过变速箱使曲轴转动，杠杆上升加载负载，载荷保持，杠杆恢复到原来的状态，负荷卸除，同时电动机停止运转。

3）再反向转动手轮，使试样台下降，取下试样，即可对压痕直径进行测量，查表可得试样的布氏硬度值。

（2）维氏硬度计的操作步骤

1）将试样擦干放到工作台上，转动升降手轮，使试验台上升，当压头与试样之间的距离约为 1mm 时转动转动头，使 10× 物镜到达试样位置。沿顺时针方向转动升降手轮，调整焦距，直到能从测微目镜中观察到清晰的试样表面。

2）转动转动头，将 40× 物镜转到试样位置，轻微转动升降手轮，调整焦距，直到从测微目镜中观察到清晰的试样表面。

3）再次转动转动头，使压头转到试样上方加试验力的工作位置，按"加载"按钮，对试样进行压入并测试压痕。

4）测试前必须检查测微计零位，测微计零位对好后，用测微计进行压痕实际测量。

5）如图 4-18 所示，分别测试压痕两对角线长度，先后测出水平对角线长度 D_1（mm）和垂直对角线长度 D_2（mm），计算 D_1、D_2 的算术平均值，查表可得维氏硬度值。如果维氏硬度计带有计算机系统，则系统一般会自动记录 D_1、D_2，并在液晶显示屏上自动显示被测试件的维氏硬度值。

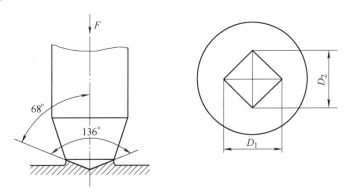

图 4-18　维氏硬度测量压痕图

4.3.4　实验内容

1）熟悉布氏硬度计及维氏硬度计的结构和测试步骤。
2）测试 SiC 颗粒增强铝基复合材料试样的整体布氏硬度。
3）测试 SiC 颗粒增强铝基复合材料试样的基体维氏硬度。
4）比较不同 SiC 颗粒含量的铝基复合材料的基体维氏硬度和整体布氏硬度。

4.3.5　实验报告要求

1）写出实验目的。
2）将实验数据整理后填入表 4-11 和表 4-12 中，并对试验数据进行计算。
3）分析增强体对复合材料基体硬度的影响。
4）分析增强体对复合材料整体硬度的影响。
5）分析增强体含量对复合材料基体硬度及整体硬度的影响。

6) 分析复合材料基体硬度对材料耐磨性的影响。

表 4-11　SiC 颗粒增强铝基复合材料布氏硬度测试实验结果

材料名称	实验规范				实验结果				硬度 HBW
					压痕直径 d/mm				
	钢球直径 D/mm	试验力 F/kgf	F/D^2	试验力保持时间/s	第一次	第二次	第三次	平均值	
S1									
S2									
S3									

表 4-12　SiC 颗粒增强铝基复合材料中组成物维氏硬度测试实验结果

试样名称	测试规范		硬度 HV			平均值
	载荷/N	时间/s	第一次	第二次	第三次	
试样代号	S1					
基体						
SiC 增强颗粒						
试样代号	S2					
基体						
SiC 增强颗粒						
试样代号	S3					
基体						
SiC 增强颗粒						

附录 A 钢铁材料硬度对照及钢的硬度与强度换算表

附表 A-1 钢铁材料硬度对照及碳钢、合金钢（不含低碳钢）硬度与强度换算表

洛氏硬度		布氏硬度 HBW30D²	维氏硬度 HV	近似强度值 R_m/MPa	洛氏硬度		布氏硬度 HBW30D²	维氏硬度 HV	近似强度值 R_m/MPa
HRC	HRA				HRC	HRA			
70	(86.6)	—	(1037)	—	43	72.1	401	411	1389
69	(86.1)	—	997	—	42	71.6	391	399	1347
68	(85.5)	—	959	—	41	71.1	380	388	1307
67	85.0	—	923	—	40	70.5	370	377	1268
66	84.4	—	889	—	39	70.0	360	367	1232
65	83.9	—	856	—	38	—	350	357	1197
64	83.3	—	825	—	37	—	341	347	1163
63	82.8	—	795	—	36	—	332	338	1131
62	82.2	—	766	—	35	—	323	329	1100
61	81.7	—	739	—	34	—	314	320	1070
60	81.2	—	713	2607	33	—	306	312	1042
59	80.6	—	688	2496	32	—	298	304	1015
58	80.1	—	664	2391	31	—	291	296	989
57	79.5	—	642	2293	30	—	283	289	964
56	79.0	—	620	2201	29	—	276	281	940
55	78.5	—	599	2115	28	—	269	274	917
54	77.9	—	579	2034	27	—	263	268	895
53	77.4	—	561	1957	26	—	257	261	874
52	76.9	—	543	1885	25	—	251	255	854
51	76.3	(501)	525	1817	24	—	245	249	835
50	75.8	(488)	509	1753	23	—	240	243	816
49	75.3	(474)	493	1692	22	—	234	237	799
48	74.7	(461)	478	1635	21	—	229	231	782
47	74.2	449	463	1581	20	—	225	226	767
46	73.7	436	449	1529	19	—	220	221	752
45	73.2	424	436	1480	18	—	216	216	737
44	72.6	413	423	1434	17	—	211	211	724

注：1. 表中所列强度值可用于对换算精度要求不高的情况，适用于一般钢种，不适用于铸铁。

2. 表中括号内的硬度值超出了实验方法所规定的范围，仅供参考。

附表 A-2　钢铁材料硬度对照及低碳钢硬度与强度换算表

洛氏硬度 HRB	布氏硬度 HBW10D^2	维氏硬度 HV	近似强度值 R_m/MPa	洛氏硬度 HRB	布氏硬度 HBW10D^2	维氏硬度 HV	近似强度值 R_m/MPa
100	—	233	803	79	130	143	498
99	—	227	783	78	128	140	489
98	—	222	763	77	126	138	480
97	—	216	744	76	124	135	472
96	—	211	726	75	122	132	464
95	—	206	708	74	120	130	456
94	—	201	691	73	118	128	449
93	—	196	675	72	116	125	442
92	—	191	659	71	115	123	435
91	—	187	644	70	113	121	429
90	—	183	629	69	112	119	423
89	—	178	614	68	110	117	418
88	—	174	601	67	109	115	412
87	—	170	587	66	108	114	407
86	—	166	575	65	107	112	403
85	—	163	562	64	106	110	398
84	—	159	550	63	105	109	394
83	—	156	539	62	104	108	390
82	138	152	528	61	103	106	386
81	136	149	518	60	102	105	—
80	133	146	508	—	—	—	—

注：1. 表中所列强度值可用于对换算精度要求不高的情况，适用于一般钢种，不适用于铸铁。

　　2. 表中括号内的硬度值超出了实验方法所规定的范围，仅供参考。

附录 B 常用钢的热处理工艺规范

附表 B-1 常用结构钢的退火及正火工艺规范

钢 号	临界温度/℃			退 火			正 火	
	Ac_1	Ac_3	Ar_1	加热温度/℃	冷却方式	HBW	加热温度/℃	HBW
35	724	802	680	850~880	炉冷	≤187	860~890	≤191
45	724	780	682	800~840	炉冷	≤197	840~870	≤226
45Mn2	715	770	640	810~840	炉冷	≤217	820~860	187~241
40Cr	743	782	693	830~850	炉冷	≤207	850~870	≤250
35CrMo	755	800	695	830~850	炉冷	≤229	850~870	≤241
40MnB	730	780	650	820~860	炉冷	≤207	850~900	≤197~207
40CrNi	731	769	660	820~850	炉冷（<600℃）	—	870~900	≤250
40CrNiMoA	732	774	—	840~880	炉冷	≤229	890~920	—
65Mn	726	765	689	780~840	炉冷	≤229	820~860	≤269
60Si2Mn	755	810	700	—	—	—	830~860	≤254
50CrV	752	788	688	—	—	—	850~880	≤288
20	735	855	680	—	—	—	890~920	≤156
20Cr	766	838	702	860~890	炉冷	≤179	870~900	≤270
20CrMnTi	740	825	650	—	—	—	950~970	≤156~207
20CrMnMo	710	830	620	850~870	炉冷	≤217	870~900	—
38CrMoAlA	800	940	730	840~870	炉冷	≤229	930~970	—

附表 B-2 常用工具钢的退火与正火工艺规范

钢 号	临界温度/℃			退 火			正 火	
	Ac_1	Ac_{cm}	Ar_1	加热温度/℃	等温温度/℃	HBW	加热温度/℃	HBW
T10A	730	800	700	750~770	680~700	≤197	800~850	255~321
T12A	730	820	700	750~770	680~700	≤207	850~870	269~341
9Mn2V	736	765	652	760~780	670~690	≤229	870~880	—
9SiCr	770	870	730	790~810	700~720	197~241	—	—
CrWMn	750	940	710	770~790	680~700	207~255	—	—
GCr15	745	900	700	790~810	710~720	207~229	900~950	270~390
Cr12MoV	810	—	760	850~870	720~750	207~255	—	—
W18Cr4V	820	—	760	850~880	730~750	207~255	—	—
W6Mo5Cr4V2	845	880	820	850~870	740~750	≤255	—	—
5CrMnMo	710	760	650	850~870	~680	197~241	—	—
5CrNiMo	710	770	680	850~870	~680	197~241	—	—
3Cr2W8	820	1100	790	850~860	720~740	—	—	—

附表 B-3　常用钢材淬火工艺及回火温度与硬度对照表

钢号	淬火规范 加热温度/℃	淬火冷却介质	硬度 HRC	回火温度/℃ 180±10	240±10	280±10	320±10	360±10	380±10	420±10	480±10	540±10	580±10	620±10	650±10	备注
35	860±10	水	>50	51±2	47±2	45±2	43±2	40±2	38±2	35±2	33±2	28±2	—	—	—	
45	830±10	水	>50	56±2	53±2	51±2	48±2	45±2	43±2	38±2	34±2	30±2	—	—	—	
T8、T8A	790±10	水、油	>62	62±2	58±2	56±2	54±2	51±2	49±2	45±2	39±2	34±2	29±2	25±2	—	
T10、T10A	780±10	水、油	>62	63±2	59±2	57±2	55±2	52±2	50±2	46±2	41±2	36±2	30±2	62±2	—	
40Cr	850±10	油	>55	54±2	53±2	52±2	50±2	49±2	47±2	44±2	41±2	36±2	31±2	—	—	具有回火脆性的钢，如40Cr、30CrMnSi、65Mn等，在中温或高温回火后用清水或油冷却
50CrVA	850±10	油	>60	58±2	56±2	54±2	53±2	51±2	49±2	47±2	43±2	40±2	36±2	—	30±2	
60Si2MnA	870±10	油	>60	60±2	58±2	56±2	55±2	54±2	52±2	50±2	44±2	35±2	30±2	—	—	
65Mn	820±10	油	>60	58±2	56±2	54±2	52±2	50±2	47±2	44±2	40±2	34±2	32±2	28±2	—	
5CrMnMo	840±10	油	>52	55±2	53±2	52±2	48±2	45±2	44±2	44±2	43±2	38±2	36±2	34±2	32±2	
30CrMnSi	860±10	油	>48	48±2	48±2	47±2	—	43±2	42±2	—	—	36±2	—	30±2	26±2	
GCr15	850±10	油	>62	61±2	59±2	58±2	55±2	53±2	52±2	50±2	51±2	41±2	36±2	30±2	—	
9SiCr	850±10	油	>62	62±2	60±2	58±2	57±2	56±2	55±2	52±2	51±2	45±2	30±2	—	—	
CrWMn	850±10	油	>62	61±2	58±2	57±2	55±2	54±2	52±2	50±2	46±2	44±2	—	—	—	
9Mn2V	800±10	油	>62	60±2	58±2	56±2	54±2	51±2	49±2	41±2	—	—	—	—	—	
3Cr2W8	1100	分级、油	~48	—	59±2	—	—	—	—	—	46±2	48±2	48±2	43±2	41±2	
Cr12	980±10	分级、油	>62	62	62	—	57±2	—	—	55±2	—	52±2	52±2	45±2	45±2	一般采用560~580℃回火两次
Cr12Mo	1030±10	分级、油	>62	62	62	60	—	57±2	—	—	—	53±2	—	—	45±2	一般采用560℃回火三次，每次1h
W18Cr4V	1270±10	分级、油	>64	—	—	—	—	—	—	—	—	—	—	—	—	

注：1. 水代表 10%NaCl 水溶液。

2. 淬火加热在盐浴炉内进行，回火在井式炉内进行。

3. 回火保温时间，一般碳钢采用 60~90min，合金钢采用 90~120min。

附录 C　常用化学浸蚀试剂

编号	名　　称	成　　分	适用范围
1	硝酸酒精溶液	HNO₃约5mL 酒精：100mL 含一定量甘油可延缓浸蚀作用； HNO₃含量增加时浸蚀加剧，但选择性腐蚀减少	碳钢及低合金钢 ①珠光体变黑，增加珠光体区域的衬度 ②显示低碳钢中的铁素体晶界 ③识别马氏体和铁素体 ④显示铬钢的组织
2	苦味酸酒精溶液	苦味酸：4g 酒精：100mL	碳钢及低合金钢 ①能清晰显示珠光体、马氏体、回火马氏体、贝氏体 ②显示淬火钢的碳化物 ③识别珠光体与贝氏体
3	盐酸-苦味酸酒精溶液	HCl：5mL 苦味酸：1g 酒精：100mL	①显示淬火+回火后的原奥氏体晶粒 ②显示回火马氏体组织（15min左右）
4	氯化铁-盐酸水溶液	FeCl₃：5g HCl：50mL 水：100mL	显示奥氏体型不锈钢的组织
5	硝酸酒精溶液	HNO₃：5~10mL 酒精：95~90mL	显示高速工具钢的组织
6	过硫酸铵溶液	(NH₄)₂S₂O₈：10g 水：9mL	显示纯铜、黄铜、青铜、铝青铜，Ag-Ni合金的组织
7	氯化铁-盐酸水溶液	FeCl₃：5g HCl：10mL 水：100mL	显示纯铜、黄铜、青铜、铝青铜，Ag-Ni合金的组织（黄铜中β相变黑）
8	氢氧化钠水溶液	NaOH：1g 水：100mL	显示铝及铝合金的组织
9	苦味酸水溶液	苦味酸：100g 水：150mL 适量海鸥牌洗净剂	显示碳钢、合金钢的原奥氏体晶界
10	碱性苦味酸钠水溶液	苦味酸：2g 苛性钠：25g 水：100mL	煮沸15min，渗碳体变为黑色，铁素体不变色
11	氢氧化钠饱和水溶液	氢氧化钠饱和水溶液	显示铅基、锡基合金的组织

附录 D 压痕直径与布氏硬度对照表

压痕直径 d /mm	HBW D=10mm F=29.42kN	压痕直径 d /mm	HBW D=10mm F=29.42kN	压痕直径 d /mm	HBW D=10mm F=29.42kN
2.40	653	3.02	409	3.64	278
2.42	643	3.04	404	3.66	275
2.44	632	3.06	398	3.68	272
2.46	621	3.08	393	3.70	269
2.48	611	3.10	388	3.72	266
2.50	601	3.12	383	3.74	263
2.52	592	3.14	378	3.76	260
2.54	582	3.16	373	3.78	257
2.56	573	3.18	368	3.80	255
2.58	264	3.20	363	3.82	252
2.60	555	3.22	359	3.84	249
2.62	547	3.34	354	3.86	246
2.64	538	3.26	350	3.88	244
2.66	530	3.28	345	3.90	241
2.68	522	3.30	341	3.92	239
2.70	514	3.32	337	3.94	236
2.72	507	3.34	333	3.96	234
2.74	499	3.36	329	3.98	231
2.76	492	3.38	325	4.00	229
2.78	485	3.40	321	4.02	226
2.80	477	3.42	317	4.04	224
2.82	471	3.44	313	4.06	222
2.84	464	3.46	309	4.08	219
2.86	457	3.48	306	4.10	217
2.88	451	3.50	302	4.12	215
2.90	444	3.52	298	4.14	213
2.92	438	3.54	295	4.16	211
2.94	432	3.56	292	4.18	209
2.96	426	3.58	288	4.20	207
2.98	420	3.60	285	4.22	204
3.00	415	3.62	282	4.24	202

（续）

压痕直径 d /mm	HBW $D=10\text{mm}$ $F=29.42\text{kN}$	压痕直径 d /mm	HBW $D=10\text{mm}$ $F=29.42\text{kN}$	压痕直径 d /mm	HBW $D=10\text{mm}$ $F=29.42\text{kN}$
4.26	200	4.86	152	5.46	118
4.28	198	4.88	150	5.48	117
4.30	197	4.90	149	5.50	116
4.32	195	4.92	148	5.52	115
4.34	193	4.94	146	5.54	114
4.36	191	4.96	145	5.56	113
4.38	189	4.98	144	5.58	112
4.40	187	5.00	143	5.60	111
4.42	185	5.02	141	5.62	110
4.44	184	5.04	140	5.64	110
4.46	182	5.06	139	5.66	109
4.48	180	5.08	138	5.68	108
4.50	179	5.10	137	5.70	107
4.52	177	5.12	135	5.72	106
4.54	175	5.14	134	5.74	105
4.56	174	5.16	133	5.76	105
4.58	172	5.18	132	5.78	104
4.60	170	5.20	131	5.80	103
4.62	169	5.22	130	5.82	102
4.64	167	5.24	129	5.84	101
4.66	166	5.26	128	5.86	101
4.68	164	5.28	127	5.88	99.9
4.70	163	5.30	126	5.90	99.2
4.72	161	5.32	125	5.92	98.4
4.74	160	5.34	124	5.94	97.7
4.76	158	5.36	123	5.96	96.9
4.78	157	5.38	122	5.98	96.2
4.80	156	5.40	121	6.00	95.5
4.82	154	5.42	120		
4.84	153	5.44	119		

参 考 文 献

[1] 陈锐鸿. 机械工程材料综合实验教程 [M]. 北京：机械工业出版社，2017.

[2] 房强汉. 机械工程材料实验指导 [M]. 哈尔滨：哈尔滨工业大学出版社，2016.

[3] 彭成红. 机械工程材料综合实验 [M]. 广州：华南理工大学出版社，2017.

[4] 徐志农. 工程材料实验教程 [M]. 武汉：华中科技大学出版社，2009.

[5] 《实用机械设计手册》编委会. 实用机械设计手册 [M]. 北京：机械工业出版社，2008.

[6] 王俊勃，曲银虎，贺辛亥. 工程材料及应用 [M]. 2版. 北京：电子工业出版社，2016.

[7] 孙建林. 材料成型与控制工程专业实验教程 [M]. 北京：冶金工业出版社，2014.

[8] 史美堂. 金属材料及热处理习题集与实验指导书 [M]. 上海：上海科学技术出版社，1992.

[9] 高红霞. 机械工程材料 [M]. 北京：机械工业出版社，2017.

[10] 周风云. 工程材料及应用 [M]. 武汉：华中科技大学出版社，2002.

[11] 邱平善，王世纲. 机械工程材料辅助教材 [M]. 哈尔滨：哈尔滨工程大学出版社，2000.

[12] 左演声，陈文哲，梁伟. 材料现代分析方法 [M]. 北京：北京工业大学出版社，2003.

[13] 陈世朴，王永瑞. 金属电子显微分析 [M]. 北京：机械工业出版社，1986.

[14] 黄新民，解挺符. 材料分析测试方法 [M]. 北京：国防工业出版社，2006.

[15] 潘清林. 金属材料科学与工程试验教程 [M]. 长沙：中南大学出版社. 2006.